우리에게
남은
시간

인간이 지구를 파괴하는 시대, 인류세를 사는 사람들

우리에게 남은 시간

최평순 지음

해나무

차례

3장. 이슈화의 최전선

4장. 인류세 시대를 살아가기

들어가는 말

2019년 여름, 아마존은 불타고 있었다. 화재 범위가 워낙 큰 탓에 연무가 인접국 아르헨티나 상공을 뒤덮은 모습이 우주에서 찍힐 정도였다. 세계 최대의 우림이 불타면서 배출하는 탄소량도 급증했다. TV 속 영상과 스마트폰 사진으로 마주하는 사상 최악의 산불은 압도적이었다. 태양처럼 이글대는 시뻘건 불꽃은 지구 반대편에 사는 나조차 불안하게 만들 정도로 강렬했다. 유례없는 규모의 화재인 만큼 많은 사람들이 지구의 허파가 불탄다는 사실을 걱정할 것이라 생각했는데, 세상은 차가웠다. 일상은 태평해서 안온하기까지 했고 뉴스는 다른 이슈들로 채워져 있었다.

2019년 가을부터 해를 넘긴 겨울까지 호주가 6개월 동안 불에 탔다. 기후 위기가 초래한 최악의 가뭄은 최장 기간의 산불로 이어졌다. 1년의 절반 동안 화재가 지속됐다. 이번에도 대한민국은 놀라우리만치 무심했다. 물을 마시지 않는다는 뜻의 이름을 가진 '코알라'가 사람들에게 물을 받아먹거나 불붙은 상태로 불길 속에 갇힌 모습 정도만 눈길을 끌었을 뿐이었다. 그마저도 2000년대 초반 지구 온난화의 상징으로 소비되던 북극곰 이미지가 코알라로 바뀌었을 뿐이다.

이 두 가지 사건을 겪으며 궁금증이 생겼다. 왜 우리의 관심은 다른 곳에 가 있는 것일까? 당시 BBC나 CNN 같은 해외 언론사는 기후 문제를 중요하게 다뤘는데 국내 뉴스는 검찰 개혁이나 부동산 이슈가 점령하고 있었다. SNS상에서의 화제성도 국내외의 차이가 있었다.

2020년 들어서는 코로나바이러스감염증-19의 창궐로 11년 만에 팬데믹이 선언됐고 2022년까지 600만 명 넘는 사람이 숨졌다. 전문가들은 동물에서 사람으로 전염된 코로나-19의 출현 원인을 인간에게서 찾는다. 야생동물 포획, 거래, 서식지 파괴, 도시화는 야생과 문명사회의 경계가 사라졌음을 뜻한다. 기후 위기로 코로나바이러스 숙주인 박쥐 서식지가 확대해 감염병 위협이 커졌다는 연구 결과도 있었다.*

기후 위기에 이어 신종 전염병의 출현까지, 인간의 활동에 의한 전 지구적 변화가 연이어 나타나는 시기가 분명해졌다. 인간의 시대, 인류세가 명징해진 것이다. 인류세의 기점으로 유력한 1950년대까지 가지 않고 2019년 이후에 일어난 변화들만 놓고 보아도 세계는 큰 타격을 받았다. 기후 위기는 더 심각해졌고, 금방 종식될 줄 알았던 전염병은 변이를 거듭하

* Beyer, R. M., Manica, A., & Mora, C. (2021). Shifts in global bat diversity suggest a possible role of climate change in the emergence of SARS-CoV-1 and SARS-CoV-2. *Science of the Total Environment*, 767, 145413.

며 인류사의 새로운 장을 쓰고 있다. 플라스틱을 비롯한 포장재 소비는 늘었다. 그런데도 인간의 지구 파괴에 대한 문제의식은 답답한 수준이다. 특히 대한민국은 지구적 문제 앞에서 갈라파고스라도 되는 양 사회 분위기가 무덤덤하다.

이렇게나 피해가 명확한데도 왜 아무것도 바뀌지 않는 걸까? 2021년에 제작된 영화 〈돈 룩 업Don't Look Up〉은 에베레스트만 한 혜성이 지구를 향해 달려와 멸망이 목전이어도 대부분의 사람이 그 사실을 걱정조차 하지 않는 세상을 풍자했다. 과학자가 아무리 사실을 말해도 혜성 문제는 정치·경제 이슈에 밀려나고, 넘쳐나는 가짜 뉴스와 동급으로 취급받는다. 미국의 현실을 재치 있게 그려냈는데, 내가 느끼는 한국은 미국에 결코 뒤지지 않는다. 실제로 국제 평가 기관 '저먼워치' 등이 발표한 '기후 변화 대응 지수CCPI'에서 미국은 52위, 한국은 60위를 기록했다(2022년 기준). 신흥 선진국의 반열에 오르고, K-컬처를 자랑하는 대한민국이 지구의 위기에 대해서만큼은 '돈 룩 업!(위를 보지마!)'을 외치고 있다. 정말 왜 그런지 너무 궁금하다. 사람들은 지구적 문제를 의도적으로 외면하는 걸까? 이렇게 넘쳐나는 증거들에도 불구하고 기후 위기, 플라스틱 폐기물, 인수공통전염병 등 인간에 의해 행성 전체에서 벌어지는 문제들은 왜 국내에서 주류 담론이 될 수 없는 걸까?

이 책은 그 의문과 답답함에서 시작했다. 여러 분야의 전문가들을 만나 묻고, 직접 만날 수 없는 저자들의 책과 논문

2019~2020년 호주 산불 현장. (사진: 최평순)

등을 탐독하며 답을 찾고자 했다. 혼자 끙끙거릴 때는 비슷한 고민을 하는 사람이 적다고 생각했는데, 발품을 팔고 공부해 보니 같은 길을 걷는 이들이 눈에 쏙쏙 들어왔다. 약속을 잡고, 이야기를 나누고, 추천 자료를 보면 그 다음에 만날 사람과 읽을거리가 이어졌다. 다큐멘터리를 한 편 만드는 것처럼 흥미로운 시간이었다.

머릿속에서 혼자 하던 생각이 타인이나 더 큰 세계와 연결되는 순간 영감이 떠오르고 세상이 다르게 느껴진다. 일터에서 마주하는 현장도, 출퇴근길에 반복되는 일상의 풍경도 '왜 우리는 지구의 위기를 외면할까?'라는 질문 속에서 재구성된다. 아파트 한 동을 가득 채운 에어컨 실외기가 마치 예술의 전당 사진전에 전시된 작품처럼 다가오고, 음식을 배달하는 오토바이 엔진 소리가 누군가 일회용 포장재를 사용했다는 메신저 알림 소리로 들린다. 범람하는 뉴스 속에서 놓치는 것은 없는지 평소보다 더 정보의 구독 범위를 넓히고 관련된 내용에 신경을 곤두세운다.

2021년부터 쓰기 시작한 이 책은 그 시간의 압축물이다. 지금 이 글을 읽는 독자들 또한 한 페이지씩 넘기며 거대한 질문에 대한 자기만의 답을 찾아갈 수 있기를 바란다.

1장

소행성은 쳐다보지 마!

우선순위

"넌 왜 그런 데 관심 있냐?"

이런 말을 친구들에게 종종 듣곤 한다. 우리나라에서 방송국 PD로 프로그램을 만든다면 장르적으로 인기 있는 드라마나 예능을 해야 할 텐데, PD라는 녀석이 교양, 그것도 다큐멘터리라는 재미없는 분야에 있으니 모두의 관심사인 연예인 이야기도 기대할 수 없는 까닭이다. 게다가 환경 콘텐츠를 십 년 넘게 만들고 있다 보니 스스로 생각해도 그런 질문을 받을 만한 수준에 이르렀다. 어떻게 이렇게 주류적 관심은커녕 친구들의 관심조차 받지 못할 주제에 꽂혔을까? 2009년에 〈텀블러 라이프〉라는 첫 다큐멘터리를 기획한 이후로 내 사회생활은 왜 많은 이들의 관심사와 나의 그것이 다른지를 설명하는 일의 반복이었다.

그런데 '인류세'라는 단어와 함께 상황이 바뀌었다. 어느 날 갑자기 내게 찾아온 이 단어에는 게임의 법칙을 바꾸는 힘이 있었다. 영국 작가 로알드 달의 원작을 바탕으로 만들어진 팀 버튼의 영화 〈찰리와 초콜릿 공장〉에는 찢어지게 가난한 소년 찰리가 초콜릿 속에 숨겨진 황금티켓을 복권처럼 발견하고 인생이 바뀌는 유명한 장면이 나온다. 나에겐 인류세가 그런 황금티켓이다.

왜 그런지 예를 들어보겠다. 누군가 지금 당신의 우선순위를 묻는다고 치자. "당신에게 지금 가장 중요한 문제는 무엇인가요?" 이런 질문을 받는다면 각자의 취향에 따라 재테크, 승진, 정치, 종교, 취미생활 등 다양한 답을 고를 것이다. 인류세는 질문의 전제를 바꾼다. 바뀐 질문은 이렇다. "소행성이 지구를 향해 다가오고 있는데 남은 시간이 석 달이라면, 당신에게 지금 가장 중요한 문제는 무엇인가요?" 질문이 달라졌으니 대답도 완전히 바뀔 것이다.

'인류세'* 는 그런 단어다. 당신이 중요하다고 생각했던 문제들의 우선순위를 뒤바꿀 수 있는 소행성 같은 존재. 대한민국이라는 신흥 선진국에서 살아가는 당신이, 실은 인류 문명과 자본주의 시스템의 풍요를 누리고 있는 호모 사피엔스

* 인류의 활동으로 인해 생겨난 지질시대로 인간에 의한 지구 시스템의 변화를 드러낸다. 노벨 화학상을 받은 파울 크뤼천이 2000년에 주장한 이후 확산했다. 학계는 1950년대를 인류세의 시작점으로 본다.

라는 종이고, 그 문명과 시스템은 이 지구라는 행성을 소행성 충돌과 같은 거대한 힘으로 파괴하는 중이다. 그 파국은 기후 위기, 코로나19 팬데믹, 플라스틱의 범람 등으로 나타나고 있다. '인류세'는 단 세 글자로 지금 우리 호모 사피엔스가 우리와 다른 생물종을 대멸종으로 몰아넣고 있다는 것을 표현하는 마법의 단어다.

다큐멘터리 PD로서 그 단어를 처음 접하는 순간, '인류'라는 이름을 붙인 지질시대 용어가 지구상에서 인간에 의해 벌어지는 대다수 문제의 심각성을 설명할 수 있다는 직감이 들었다. 또한 '인류세'라는 개념이 주는 새로움이 환경 문제에 대한 대중적 피로감을 상쇄하고 호기심을 불러일으킨다고 판단했다. "왜 그런데 관심 있냐"라는 질문, 그리고 그때마다 마주하는 재미없다는 듯한 표정을 "어떻게 그런데 관심을 가졌냐"라는 말과 함께 흥미롭다는 표정으로 바꿔줄 기회로까지 느껴졌다.

알아보니 해외에서는 인류세 연구가 활발하고 인류세 담론이 뜨거웠는데 한국에서는 일부 학자와 예술가를 제외하곤 알려지지 않은 상태였다. '왜 우리나라만 유독 인류세에 무관심하지?'라는 생각이 일순간 들었지만, 그래서 더욱 매력적인 아이템으로 다가왔다. 서둘러 2017년에 기획안을 제출했고 2019년에 3부작 다큐멘터리 〈인류세〉를 방송했다. 반응은 좋았다. 방송 직후 포털 실시간 검색어 순위에 인류세가 오르고, 프로그램도 국내외에서 여러 상을 수상했다. 친구들의 표

정도 "아, 네가 이런 걸 만드는구나" 정도로 바뀌었다. 물론 지인들의 표정 변화나 수상 실적에서 그치지 않고 사회적 변화를 이끌어내려면 갈 길이 멀다. 그래서 이후에도 인류세에 관한 프로그램을 계속 만드는 중이다.

알고 보니 나만 그런 경험을 한 것이 아니었다. 인류세는 지구를 연구하는 과학자와 그 너머에 있는 사람들에게도 어느 날 갑자기 찾아왔다.

"그 말을 듣는 순간, 눈이 번쩍 뜨이는 기분이었어요. 우리는 그런 단어를 찾고 있었거든요."

–지구시스템과학자 윌 스테판(호주 국립대 명예교수)

"순간적으로 그런 생각이 드는 거예요. 우리가 살고 있는 시간의 이름이 인류세면 내가 가르치고 있는 포스트 모던, 레이트 모던은 뭐지? 모더니즘의 시대를 살고 있다고 생각했는데 실제로는 인류세를 살고 있구나. 균열이 일어났어요. 오래 공부했던 것들이 다시 보이고, 지적 기후 변동이 일어난 거죠."

–사회학자 김홍중(서울대 교수)

카이스트 인류세연구센터의 박범순 센터장은 해석을 덧붙인다. 서구의 영미권 학계는 인간-환경, 인간-자연의 관계를 주제로 오랫동안 연구한 사람들이 많다. 환경 운동뿐만 아니

누군가 지금 당신의 우선순위를 묻는다고 치자.
각자의 취향에 따라 다양한 답을 고를 것이다.
인류세는 질문의 전제를 바꾼다.
“소행성이 지구를 향해 다가오고 있는데
남은 시간이 석 달이라면, 당신에게 지금
가장 중요한 문제는 무엇인가요?”

라 철학, 사회학 등 다양한 분야에서 연구하던 사람들이 인류세라는 새로운 과학적 언어가 만들어졌을 때 그것을 빨리 포착해 자기 분야로 가져와 사용했다.

“학계의 전문가들은 이 상황에 위기의식을 갖고 있었어요. 그 위기의식이 ‘인류세’를 만들어낸 것이 아니라, 위기의식을 꽤 오랫동안 갖고 있었는데 ‘인류세’라는 스토리텔링하기 좋은 용어가 나타난 거죠.”

나 역시 비슷한 위기의식을 가지고 있었고, 덕분에 운 좋게 국내에서 남들보다 빠르게 인류세를 만나 3부작 다큐멘터리도 만들고 카이스트 인류세연구센터의 외부연구원으로도 참여할 수 있었다. 이쯤에서 카이스트 인류세연구센터를 잠시 소개하자면 이곳은 2018년 설립돼 단일 연구기관으로는 세계 최초로 인류세를 본격적으로 연구하는 곳이다. 2025년까지 7년 동안 각계의 학자들이 모여 인류세 시대의 변화를 예측하고 대응하고 공론화하는 융합연구를 진행한다.

"어떻게 이런 주제로 다큐멘터리 만들 생각을 했어요?"

2018년, 카이스트 인류세연구센터 연구진과 처음 만난 자리는 친구들과의 술자리와는 달랐다. 그 말을 꺼낸 교수의 얼굴에서 호기심과 반가움이 드러났다. 처음 보는 분들이었지만 동지를 만난 기분이 들었다. 과학 연구를 한다는 것은 방송 다큐멘터리를 만드는 것과 유사한 부분이 많다. PD가 프로그램 아이템을 찾듯 과학자들도 괜찮은 연구 주제를 좇는다. 당시 한국과학기술학회 회장이었던 박범순 교수는 인류세를 만나 인류세연구센터를 꾸렸다. 그는 과학기술이 인간의 삶을 풍요롭게 하고 세상을 발전시킨다는 믿음이 깨지고 있는 이 시대에 인류세가 좋은 연구 주제가 된다는 것을 알았다. 내가 계속 인류세적 시각에서 프로그램을 만드는 것처럼 그도 동료 연구자들과 함께 인류세 연구를 계속하고 있다.

개소한 지 5년 정도 지난 시점에서 카이스트 인류세연구센터의 성과는 어땠을까? 지질자원연구원과 함께 경기도 평택에서 지층을 시추해 인류세 쓰레기를 찾아내고, DMZ 지역에서 인간과 두루미, 땅의 관계를 드러내는 융합연구를 진행하는 등 동아시아에 위치한 연구기관으로서 차별화하는 데 성공했다. 또한 언론 보도와 과학관·미술관 전시 등 대중과의 접점을 모색하며 과학자들의 목소리로 인류세를 알렸다.

하지만 박범순 센터장은 공론화에 아쉬움이 남는다고 솔직하게 토로했다. 예전보다는 나아졌지만, 그래도 아직은 한국 사회에서 인류세를 모르는 이가 훨씬 많다는 것이다. 그와 같은 과학사학자, 나와 같은 언론인의 눈을 번쩍 뜨이게 하는 이 단어가 왜 다른 이들에게는 그만큼 매력적이지 않을까?

"대한민국에서는 쉽지 않죠. 인류세는 지질학, 대기화학, 생물학 등 다분야와 연관된 통합적인 개념이라 학계의 장벽을 넘어서 생각해야 하는데, 학계 내에서도 그게 어려워요. 학계를 넘어 인문학, 사회로까지 퍼져야 하는데 우리에게는 그런 역사가 별로 없죠."

게다가 인류세는 아직 공식 지질시대로서의 권위가 없는 상태다. 현재의 공식 지질시대는 1만 1700년 전에 시작된 신생대 제4기 홀로세이다. 국제 지질학계는 과학자들이 수집한 증거를 바탕으로 1950년대부터를 인류세로 봐야 할지 심사하는 중이다. 해외에서는 과학적 주장에 불과했던 인류세가 등장해 확산하며 공식화되는 과정을 흥미롭게 지켜보고 있다. 반면 어떤 분야든 간에 권위가 중요하게 작용하는 한국 사회에서 인류세는 비공식 용어일 뿐이다.

"10년 후가 될지 20~30년 후가 될지 아니면 공인이 안 될지 모르는 상황이에요. 현재의 공식 지질시대인 홀로세도 공인되는 데 50년이 걸렸어요. 1830년대에 제안돼서 1880년대에 공인된 건데, 인류세는 2000년도에 등장했으니 얼마나 걸릴지 몰라요. 오래 걸리면 몇십 년이 지나야 공인될 수 있고,

안 될 수도 있죠. 뭐든 빨리빨리 하는 우리 사회에서 인류세를 받아들이는 건 쉽지 않죠."*

과학의 토대가 영미권에 비해 약하고 공식 지질시대가 아니라는 한계까지 작용해, 한국에서 크게 힘을 쓰지 못하는 안타까운 현실. 인류와 지구의 관계를 직관적으로 보여주는 강력한 스토리텔링의 힘을 가진 나의 황금티켓마저 대한민국에서는 힘에 부친다.

사실 인류세 단어를 창안한 파울 크뤼천 교수가 한국에 잠시 머물렀던 적이 있다. 그는 2009년부터 3년 동안 서울대학교 지구환경과학부 석좌교수였다. 노벨 화학상을 받은 스타 학자로서 한국에 초빙 교수로 재직했고 그의 인류세 개념이 이미 2000년도에 세상에 공개되었다는 것을 생각하면, 대한민국에 인류세가 알려질 좋은 기회가 있었던 셈이다. 그러나 인류세는 그가 독일로 돌아가고 한참 후에야 방송, 인류세연구센터 설립, 전시 등으로 조금씩 알려지기 시작했다. 따져보면 인류세가 지금 수준으로 담론화되기까지도 십 년 이상 걸린 셈이다.

파울 크뤼천은 인간이 지구 환경을 바꾼 규모가 소행성 충돌과 비견될 수준임을 드러내기 위해 지질시대 이름을 인류세로 바꾸자고 제안했다. 그 충격적인 주장은 서구 학계의 장

* 2023년 7월, 지질학계는 캐나다 온타리오주의 크로포드 호수를 인류세 국제표준층서구역Global Boundary Stratotype Section and Point, GSSP으로 선정하는 등 공식화 절차에 속도를 내고 있다.

벽과 사회의 울타리를 넘어 확산했고 이제 공식화를 목전에 두고 있다. 그렇지만 국내의 사정은 다르다. 인류세의 인지도가 전무한 수준일 때부터 지금까지 인류세 공론화를 위해 노력하는 사람들은 무관심이라는 벽과 싸우는 중이다. 방송도, 책도, 전시도, 세계 최초의 인류세 단일연구기관이 내놓는 논문도 이 사회의 주변부에서만 머물고 있다. 기후 위기, 코로나19와 같은 신종 바이러스의 출현과 확산, 플라스틱 쓰레기의 범람 등 인류세 현상은 뚜렷해지지만, 공론장을 차지하고 있는 것은 여전히 다른 것들이다.

생각할수록 더 답답하다. 다수 사람들에게 인류세와 같은 지구적 문제는 대체 왜 우선순위에서 밀리는 걸까?

◦ 과학에 대한 불신

인류세 같은 과학적 단어가 사회적으로 힘이 없다면 이 사회에서 과학이 어떤 위치에 놓였는지 의심해봐야 한다. 지구의 위기에 관한 문제들은 자연과학의 진단에서 시작한다. 과학은 우리가 세계를 이해하는 틀이고, 세계에 생긴 균열도 그 틀을 통해서 인식한다. 과학이 없다면 지금도 우리는 우주가 지구를 중심으로 돈다고 여길지도 모른다. 그러니 솔직히 따져볼 필요가 있다. 우리는 과학을 신뢰하는가?

과학자들 97퍼센트가 기후 변화가 사실이라는 점과 그 원인이 인간 활동임에 동의한다.* 대중적인 언어로 표현하면,

* Cook, J., Oreskes, N., Doran, P. T., Anderegg, W. R., Verheggen, B., Maibach, E. W., ... & Rice, K. (2016). Consensus on consensus: a synthesis of consensus estimates on human-caused global warming. *Environmental research letters*, 11(4), 048002.

기후 위기는 '팩트'다. 과학자들의 목소리가 우리 사회에 울림이 없는 것은 우리가 과학을 불신해서가 아닐까? 코로나19 팬데믹 상황에서 백신 도입을 둘러싸고 벌어진 논쟁을 지켜보며 나는 한국 사회에 과학에 대한 신뢰가 부족하다고 느꼈다. 그동안 과학은 사회적 논의의 중심에 설 일이 많지 않았는데, 감염병 대유행으로 인해 우리가 얼마나 과학을 외면하고 일부는 부정하기까지 하는지 수면 위로 드러난 것이다.

코로나에 맞설 항체 형성을 위해 온 국민이 자기 몸에 바이러스나 RNA를 주삿바늘로 찔러 넣어야 하는 상황에서 '백신을 믿어도 되는지'에 대한 개인의 생각이 접종 여부로 표면에 드러났다. 신뢰도에 따라 접종 시기도 갈렸다. 물론 백신이라는 선택지 앞에서 아무리 작은 확률이어도 부작용을 염려하며 접종을 거부할 수 있다. 짧은 시간에 개발된 코로나19 백신의 안정성을 따지는 것은 합리적이다. 천동설이 지동설로 바뀌듯 세상에 절대적인 것은 없으니, 진실이라고 여겨지는 것의 근거를 따지는 것은 과학적 태도다. 하지만 백신의 존재 자체를 의심하는 목소리가 크고, 음모론이 횡행하며 백신의 부작용이 필요 이상으로 부각된 것은 과학을 대하는 우리 사회의 민낯을 보여준 것이기도 하다.

대한민국은 종국에는 타 국가들에 비해 높은 접종률을 보여줬지만, 백신 도입 초기에는 사회적 진통이 상당했다. 마치 셰익스피어가 쓴 『햄릿』의 '죽느냐 사느냐, 그것이 문제로다'라는 대사처럼 '백신, 과연 맞을 것이냐 말 것이냐?'라는 식의 접종을 둘러싼 논쟁이 커뮤니티 담론장을 지배하다시피 한 적도 있었다.

우리만 유독 그런 것은 아니다. 미국에서는 도널드 트럼프 대통령이 백신에 대한 의구심을 내비치는 태도를 취한 것이 지지자들에게 영향을 미쳐 코로나19 대유행 상황에서 백신 접종률을 끌어올리는 데 장애로 작용했다. 하긴, 미국에는 지구가 평평하다고 믿는 사람들이 꽤 있다. '들어가는 말'에서 언급한 영화 〈돈 룩 업〉은 혜성 충돌의 위험성을 경고하는 과학자의 목소리가 조롱당하는 미국 사회를 풍자했는데, 그 모습처럼 양극화된 미국의 정치 지형은 과학을 자신의 목적에 맞게 소비할 때가 많다.

하지만 과학이 신뢰받는 국가도 있다. 코로나19 백신 접종 논란이 한창일 때 나는 스웨덴에 있는 친구에게 물었다. 북유럽도 백신을 맞을지 안 맞을지 논란이 심한지가 궁금했다. "아니야, 여기 사람들은 과학을 신뢰해." 친구의 대답은 간결했다. 스웨덴은 '집단 면역 실험'으로 알려진 자율적인 방역 정책이 노년층의 사망률 증가로 이어져 보건 당국이 사과를 한 적도 있는 나라다. 그럼에도 여전히 과학에 대한 신뢰도가 높다고 했다.

"개별 과학 지식에 대한 신뢰라기보다는 과학 지식을 가지고 일을 하는 국가와 사회제도에 대한 신뢰라고 봐야겠죠."

과학의 사회적 역할에 대해 고민해온 전치형 카이스트 교수가 '과학을 믿는다는 것'의 의미를 자세하게 설명한다. 그는 나를 만나기 전에 노르웨이에서 한 달 동안 방문 교수로 체류하다 입국한 지 얼마 안 된 상태였다. 노르웨이, 핀란드, 스웨덴 등 북유럽은 '요람에서 무덤까지' 책임지는 사회복지 제도로 유명하다. 그런 국가 시스템을 만들고 겪어오는 과정에서 국가와 국민 간의 신뢰가 높게 쌓였고, 그것은 한국 사회가 갖지 못한 경험이다.

전치형 교수는 우리나라에서 과학을 신뢰하느냐고 설문조사를 하면 많은 국민이 믿는다고 하겠지만, 백신이나 기후 위기를 믿느냐고 하면 다를 것이라고 말했다.

"중고등학교 때 배우는 과학 교과서의 내용은 신뢰하잖아요. 그런데 백신을 신뢰하냐, 기후 위기를 신뢰하냐고 하면 흔들리는 분들이 있는데, 그건 우리가 중고등학교 때 배운 과학 지식을 받아들이지 않아서가 아니라 그 지식을 가지고 정책을 펼치는 기관, 정부에 대한 신뢰가 결합해 있기 때문이죠."

기후 위기와 관련한 에너지 정책이든 몸에 맞는 백신이든 모두 자신의 건강과 경제적 이해관계와 관련이 있다. 그러면 그것을 수행하는 제도와 정부에 대해 믿음과 의심으로 갈리게 되고, 그와 결부된 과학 지식을 의심하는 데까지 나아갈 가능성이 생기게 된다.

특히 기후 위기를 논할 때 필요한 기후 모델링은 일반 사람이 이해하기 힘든 물리학과 계산의 세계다. 우리가 일반적으로 슈퍼컴퓨터와 기후과학자들이 도출한 과학적 사실을 믿는다고 할 때, 해당 논문을 직접 찾아 검증하지는 않는다. 우리는 그것이 어떤 과학적 절차를 거쳐서 현재 어떤 합의에 이르렀는가를 들여다보고, 그 프로세스를 신뢰하는 것이다.

"코로나19 백신의 경우 '백신 도입 전문가 자문위원회' 같은 전문가들의 기구가 있었죠. 위기 상황에서 전문가의 지식과 의견을 한자리에 모으는 공적 절차가 존재해요. 그 과정을 우리가 이해하고 검증할 수 있어야 점차 백신에 대한 믿음이 생기는 거죠. 백신은 과학적 연구를 통해 도출됐고, 사회 제도를 통해 승인됐어요. 백신을 믿는 것은 사회를 믿는 것, 즉 우리가 다양한 차이에도 불구하고 합의를 이루며 같이 살 수 있음을 믿는 것입니다."

결국 의사소통이다. 예를 들어 질병관리청 정은경 청장의 경우 코로나19 대유행 초기에 의학과 시민 사이에서 과학 커뮤니케이션을 수행했다. 매일 똑같은 옷을 입고 같은 시간에 나와서 같은 톤으로 차분하게 설명하고 근거를 제시하며 질문을 피하지 않고 답하는 모습은 신뢰감을 줬다. 그 시간이 누적되면서 어느 순간부터 '그냥 정은경 청장이 하는 말이니까 이상한 건 아니겠지' 정도로 믿는 사람까지 생겼다. 수장에 대한 믿음은 질병관리청 기관 자체에 대한 신뢰도의 상승을 의미했다.

코로나19는 우리 사회가 얼마만큼 과학을 불신하는지, 정확히는 얼마만큼 과학 지식에 기반한 정책과 사회제도를 불신하는지 드러내는 계기가 됐다. 그 과정에서 공통적으로 경험한 과학 커뮤니케이션의 힘은 향후 기후 위기 등 지구적 차원의 문제를 대응하는 데 실마리가 될 수도 있다.

문제는 지구의 여러 위기 중 기후 위기만 하더라도 백신 접종보다 규모와 범위가 훨씬 크다는 것이다. 백신 접종의 과학적 사실이 면역학에 기인한다면 기후 위기는 대기과학, 해양학, 지리학 등 광범위하며 통합적이라 이해가 어렵다. 게다가 통상적으로 과학자가 큰 영향을 미치는 분야임에도 사람들은 기상 현상을 비전문가의 개인적 지식 수준으로도 충분히 논할 수 있는 대상처럼 생각한다. '날씨'와 '기후'를 혼동하거나 의도적으로 특정 정보를 배제하기도 한다.

예일대학교 법학대학원의 댄 카한 교수는 사람들이 기후 변화를 받아들이지 않는 이유는 과학적 정보와 무관하며, 오히려 기후 변화가 담고 있는 '문화적 정서'가 중요하다고 말한다. 개인은 자신의 문화적 특성에 따라 사고하고, 그 과정에서 과학은 사회적 의미로 오염되기 쉽다. 어떤 관점을 형성할 때 과학자의 경고보다 가족, 친구, 또래 집단과의 의사소통이 더 큰 영향을 미칠 수 있으며 인간의 핵심 가치에 호소하는 강렬한 감정적 이야기가 과학 데이터를 이길 수 있다.

과학보다 더 우리에게 중요한 것, 그것을 제대로 알려면 심리학을 들여다봐야 한다.

◦ 기후 위기의 심리학

세상에는 불편한 것을 회피하는 사람과 감수하는 사람이 있다. '불편한 것'은 스트레스 요인이다. 과학적 사실로 인해 마음이 불편하다면 어떻게 하는 것이 좋을까? 회피하는 유형이라면 과학적 사실을 회피하거나 부정하는 것이 가장 쉬운 선택지일 것이다. 반대로 감수하는 유형은 그 사실로 인해 변화의 필요성을 느끼게 된다. 기꺼이 스트레스를 떠안겠다고 생각하지만, 이후 고난이 시작된다. 매사 언행에 있어 딜레마가 발생하기 시작한다. 화석연료 사용으로 인해 지구가 위험에 빠졌다면 화석연료를 사용하지 않으면 되겠지만, 현실은 화석연료의 향연이다. 화석을 태워 돌아가는 시스템에서 살아가면서 화석연료를 거부하거나 "화석연료를 덜 쓰는 것으로 주세요"라고 주문하는 것은 쉬운 일이 아니다.

나는 가깝게 지내는 심리학자를 만나 불편한 것을 회피하는 사람과 감수하는 사람의 차이를 물어보기로 했다.

약속 장소에 도착해 커피를 주문하며 한 잔은 텀블러에 담아달라고 했다.

"여전하구나. 역시 인지부조화가 적은 스타일이야." 어느새 나타난 최지연 교수가 말한다. 대학 시절부터 함께한 친구인 그녀는 숙명여자대학교 사회심리학과 소속으로 인간의 마음과 행동을 연구하고 있다. 오늘은 최 교수와 커피를 마시며 기후 위기의 심리학을 대화 주제로 삼는다.

인지부조화란 무엇일까? 우리는 모두 각자 머릿속에 블랙박스•를 하나씩 넣고 다닌다. 그걸 '인지'라고 부른다. 인지부조화는 개인의 행동과 신념이 일치하지 않을 때 발생하는 내적인 긴장 상태를 뜻한다. 예를 들어 평소 카페에서 일회용 컵이나 플라스틱 빨대를 아무렇지 않게 사용하던 사람이 어느 날 바다거북의 코에 빨대가 꽂혀 있는 영상을 봤다고 치자. 충격을 받아 플라스틱 쓰레기가 큰 문제라고 생각하게 되는 순간 인지부조화가 발생한다.

최지연 교수가 설명한다. "인지부조화가 주는 긴장을 해소하는 방법에는 크게 세 가지가 있어." 첫 번째는 행동을 바꿔 텀블러를 쓰거나 빨대 사용을 줄이는 것, 두 번째는 신념

• 인지심리학에서는 사람의 마음을 블랙박스라고 칭한다. 우리의 마음이 블랙박스처럼 '정보를 기록하고, 저장하고, 필요시 인출한다'는 점 때문이다.

을 바꾸는 것. 내 행동을 바꿀 정도로 중요한 문제는 아니라고 생각해버리는 것이다. 세 번째는 그냥 외면하기. 한마디로 '에라, 모르겠다!'

우리는 이 '에라, 모르겠다!'의 시대를 살고 있다. 아니, 지구가 불타고 있어서 자신의 생존이 위협받을 수도 있는데 그냥 외면하기를 선택하는 사람이 많은 세상이라니. 이걸 어떻게 받아들여야 할까.

예전에 야생동물에 관한 프로그램을 촬영하다가 독수리를 구조했을 때가 생각난다. 전문가와 함께 탈진한 야생 독수리를 논밭에서 구조해 임시보호 차원에서 제한된 실내공간에 잠시 풀어놓은 적이 있다. 안대를 풀자 녀석은 자신을 둘러싼 사람들과 낯선 환경에 당황했는지 어쩔 줄 몰라 하다가 방구석으로 뛰어가 자신의 고개를 벽 틈 사이에 처박고 가만히 있었다. 야생동물의 본능적인 행동이었지만 인간인 나에겐 '제 눈에만 안 보이면 괜찮다는 문제 해결 방식'처럼 느껴졌다. 지금 우리 인류는 지구의 위기 앞에서 마치 그 탈진한 독수리처럼 행동하고 있는 것은 아닐까. 안 보고 안 듣기. 무슨 대단한 영화의 반전 스포일러도 아닌데 그렇게 군다.

다시 카페. 최지연 교수가 다른 화두를 꺼낸다. "위기라고 느끼긴 할까? 오히려 사람들이 생각하는 위기의 범주에 기후변화가 못 끼고 있는 것 같아."

심리학에서 범주화categorization는 인간의 인지, 즉 머릿속 블랙박스의 제1구동 원리다. 범주화는 눈에 보이고 귀에 들어오는 정보들을 체계적으로 정리해 블랙박스 내 폴더들에 저장하는 과정이다. 물과 콜라의 범주화는 쉽다. 뇌에 입력할 때 모두가 동일하게 음료 폴더에 저장한다. 하지만 기후 변화는 음료처럼 명확한 문제가 아니라서 사람별로 저장 폴더가 다를 수 있다. 비슷한 예로 만약 루브르 박물관에 갔다고 하면 이 경험을 오락 폴더에 저장할지 교육 폴더에 저장할지 애매하다.

이럴 때 사람들은 그 애매한 것과 가장 비슷한 것을 찾아 어디에 저장할지 참고한다. 자신이 지금 범주화하려는 것과 가장 많은 특징을 공유하는 것의 폴더를 따라가는 셈이다. '기후 변화'라는 단어를 들었을 때 '대형 산불'이나 '생존' 대신 '북극곰'이나 '남극의 눈물'이 떠오른다면 '기후 변화'는 '위기' 폴더가 아니라 '동물', '미래', '국제문제', '환경문제' 정도의 폴더에 저장될 가능성이 크다. 애석하게도 현실은 그렇다. '기후 변화'는 많은 사람들에게 생존이 달린 위기가 아니라 다른 여러 문제 중 하나로 인지되고 있다.

"위기가 위기로 안 느껴지게 범주화되기 쉬운 사회라는 건 인정해야 해." 그녀와 커피를 마시다 보니 이 문제가 출발점부터 잘못 설정되었다는 걸 받아들이게 된다. 진짜 문제는 이제부터다. '확증편향'이란 것이 등장한다. 쉽게 말하면 수많은 뉴스 중 자신이 듣고 싶은 것만 크게 들리는 경향성을 의미한다. 종합편성채널과 지상파 뉴스 보도 중 자신의 정치색과 맞는 채널만 틀어놓는다. 페이스북, 인스타그램, 유튜브, 트위터 등 SNS에서 자신의 가치와 맞는 뉴스만 소비한다. 좋아하는 것만 찾아보니, 알고리즘까지 가세해 좋아하는 것만 들리게 만들어버린다.

"내 신념에 맞는 메시지가 더 좋은 거야. '내가 옳다. 내가 생각하는 대로 타인도 생각할 것이다'라는 사고방식이지. 이건 사실 영유아한테 보이는 '자기중심성egocentrism'이라는 인지적 특성인데 이게 성인들에게도 여실히 드러나는 거지. 내가 옳으니까."

이런 자기중심적인 사회를 봤나. 문제는 유치한 사고방식이라고 치부하고 넘어갈 수 있는 일이 아니란 점이다. 기후 위기가 진짜여도 자신이 아니라고 생각하면 팩트들이 귀에 들어오지 않는다. 그런 사람이 많으면 사회적 논의가 나아가지 못한다. 그렇게 아무것도 하지 않고 시간을 흘려보내면, 지구 시스템이 붕괴하고 인류와 다른 비인간 생명체 모두 파국을 맞이할 수 있다.

"실제로 최근에 기후 위기와 관련한 심리학 실험이 있었어. 2021년에 미국 펜실베니아 주립대학교에서 408명을 대상으로 진행했는데, 확증편향의 문제를 잘 보여줘."

주와 쉔이라는 두 학자는 기후 변화를 사실("인간에 의한 기후 변화는 사실이다")이라고 믿는 208명, 거짓("사실이 아니다")라고 믿는 200명을 대상으로 연구를 진행했다.* 이들 중 절

* Zhou, Y., & Shen, L. (2022). Confirmation bias and the persistence of misinformation on climate change. *Communication Research*, 49(4), 500-523.

반에게는 기후 변화에 대한 과학적 정보를 담은 영상을 시청하게 하고 다른 절반에게는 기후 변화는 존재하지 않는다는 내용의 영상을 시청하게 했다. 그 후 시청한 영상에 대하여 영상이 얼마나 사실에 입각했으며 전문적이고 신뢰할 만한가에 대해 물었다. 그 결과 기후 변화를 사실이라고 믿는 집단은 기후 변화에 대한 과학적 정보가 담긴 영상이 더 사실에 입각했으며 더 전문적이고 신뢰할 수 있다고 응답했다. 반면 기후 변화를 거짓이라고 믿는 집단은 기후 변화는 존재하지 않는다는 주장의 영상에 대해 같은 대답을 했다. 믿는 대로 본 셈이다.

아니라고 믿는 사람은 계속 아니라고 믿게 할 정보만 취사선택하게 되는 심리적인 덫. 설사 그게 기후 위기를 부정하는 가짜 뉴스일지라도 그럴 것이다. 위기를 위기라 인지하지 않고 북극이나 남극의 일, 혹은 내가 죽을 때까지는 벌어지지 않을 먼 미래의 일로 여기는 사람이 다수다. 예상은 했지만, 사고의 작동원리를 알고 나니 허탈하다. 심리학자와 대화를 나누며 마신 커피는 참 씁쓸했다.

자연과 맞서 싸우기

외면하고 살면 마음이 편할까? 추측하건대 그럴 것이다. 그런 사람들은 알고리즘이 보여주는 SNS 화면이나 본인이 소비하는 뉴스에서 아예 지구 위기와 관련한 내용이 보이지 않으니 본인이 외면한다는 사실조차 잊거나 모를 수 있다. 나는 알고리즘이 무섭다. 기후 위기로 인한 재난 소식은 알고리즘을 통해 계속 나를 찾아온다. SNS 업체에서 만든 프로그램이 던지는 뉴스만으로도 벅찬데, 나의 뇌에서 자동으로 작동하는 심리적 알고리즘이 한몫 더한다. 기후 위기 뉴스나 플라스틱 쓰레기와 관련된 소식들은 집에서 TV 리모컨을 돌리다가도 내 레이더에 걸린다.

어느 날 퇴근 후 거실에서 저녁 먹으면서 가볍게 TV를 켰다. 사건 뉴스가 나오고 있었는데 앵커 옆의 현장 그림을 보는 순간 심장이 쿵 하고 내려앉았다. 인도 북부 히말라야 고산 지대에서 빙하 홍수가 발생해 마을과 도로가 휩쓸리며 200여 명의 사상자가 발생했다는 자막과 화면이 이어졌다. 2021년 2월 7일의 일이었다.

안타까운 국제 뉴스를 접하며 2014년에 제작했던 방송이 떠올랐다. 바로 〈하나뿐인 지구 – 기후 변화 특집 히말라야 대재앙 빙하 쓰나미〉이다. 프로그램명이 말하듯 기후 위기의 심각성을 알리기 위해 당시 빙하 홍수의 쓰나미 위험성을 경고했는데, 7년 후 진짜 현실이 된 것이다.

기후 위기로 인해 북극과 남극의 빙하가 녹는다는 것은 이미 많은 사람이 잘 알고 있다. 하지만 히말라야 지역의 빙하가 녹아 빙하 호수가 많이 생겼고(지금도 만들어지고 있다), 이 호수들의 크기가 빠르게 성장하고 있다는 것을 아는 사람은 별로 없다. 흔히 제3의 극지라 불리는 히말라야는 인류세 현장이 되어버렸다. 빙하가 녹으며 생기는 물로 인해 없던 빙하 호수가 생기고, 있던 빙하 호수가 거대해진다. 호수의 자연제방이 강해지는 물의 압력을 이기지 못해 터져버려 호수의 물과 흙이 쓰나미처럼 산 밑 마을을 덮친다. 이 현상을 '빙하 홍수', 영어 약어로는 GLOF Glacial Lake Outburst Flood라고 부른다. 인간이 만들어낸 새로운 재해다. 1994년에 부탄에서는 빙하 홍수로 21명이 목숨을 잃었다.

빙하 홍수를 연구하는 과학자와 나 같은 PD에게 빙하 호수는 시한폭탄 같은 신종 재해이지만, 정작 히말라야에서 살아가는 사람들은 호수를 신이라 여긴다. 대자연에 대한 경외심이라고 할까. 취재 중 만난 한 주민은 빙하 홍수가 발생한 건 사람들이 빙하호를 더럽혀서 신이 노했기 때문이라고 표현했다. 히말라야는 그토록 영험한 존재다. 고대 인도의 산스크리트어로 히마는 '눈', 라야는 '집'이다. '눈의 집'에서 가장 높은 산이 에베레스트이다. 네팔에서는 에베레스트를 '하늘의 여신(사가르마타)'이라고 칭한다.

하늘의 여신이 흘리는 눈물을 촬영하기 위해 내가 향했던 곳은 에베레스트 베이스캠프 밑 임자Imja 호수다. 해발고도 5010미터의 호수에 가기 위해서는 비행기가 닿는 고도 2800미터 지점부터 8일을 꼬박 걸어야 한다. 고산 트레킹은 인간이 산소 호흡 생명체임을 깨닫는 과정이다. 평소에는 잘 느껴지지 않지만 사실 우리는 21퍼센트의 산소와 78퍼센트의 질소로 구성된 대기 안에서 살아간다. 너무 당연히 여기는 나머지 대부분의 시간 동안 잊고 살지만, 익숙한 대기 환경에서 벗어나면 그 영향을 느낄 수 있다.

4000미터 지점을 넘어가니 희박해진 산소 탓에 머리를 쿡쿡 찌르는 듯한 고산병 증상이 찾아왔다. 치통을 호소하는 조연출과 불면증에 시달리는 촬영 감독을 다독여 마침내 임자 호수에 오르자 맞은편 임자 빙하와 어우러진 호수의 설경이 펼쳐졌다. 처음 보는 장엄한 풍경에 압도당한 한국 제작진과 달리 현지인 셰르파 펨바는 그 변화를 체감하는 듯한 표정을 지었다. 20년 만에 왔는데 호수가 너덧 배 커졌다니 그럴 만

빙하 홍수를 연구하는 과학자와
나 같은 PD에게 빙하 호수는
시한폭탄 같은 신종 재해이지만,
정작 히말라야에서 살아가는 사람들은
호수를 신이라 여긴다.

도 하다.

워낙 커서 한눈에 안 들어올 정도의 크기를 가진 임자 호수는 50년 전만 해도 그저 작은 연못에 불과했다. 1960년대부터 만년설이 녹아 호수가 커지기 시작해 2014년에는 길이 2.3킬로미터, 수심 150미터의 거대 호수로 변했다. 짧은 시간에 폭발적으로 이뤄진 부자연스러운 성장에 과학자들은 빙하 홍수 쓰나미가 임박했음을 국제 사회에 알렸고, 임자 호수는 히말라야 전역의 빙하호 중 가장 위험한 곳이라는 타이틀을 획득했다. 무시무시한 소식을 듣고 찾아간 호수의 현재 모습을 카메라에 담는 것만으로도 대재앙의 징후를 시청자들에게 전달할 수 있었다. 땅에 내려온 후 다른 환경 이슈를 취재하다 보니 '눈의 집'에서 벌어지는 일을 잠시 잊고 지냈다. 2021

년에 일어난 인도 히말라야 빙하 홍수가 200여 명의 사상자를 낳았다는 뉴스를 접하기 전까지는.

9년의 세월이 흐른 지금, 임자 호수는 어떻게 됐을까? 다행히 지금까진 괜찮다고 한다. 2016년에 유엔개발계획과 네팔 정부, 군이 힘을 합쳐 6개월 동안 배수 작업을 벌여 물 400만 세제곱미터를 빼내 수위를 3.5미터가량 낮춘 덕분이다. 해발고도가 5000미터가 넘는, 세계에서 가장 높은 호수들 중 하나에서 진행된 이 사상 초유의 프로젝트에 유엔개발계획이 쓴 돈만 40억 원이 넘는다. 하지만 빙하가 점점 녹아 임자 호수로 이어진 경사면에 낙석 위험이 커지고 있어 빙하 홍수의 위협은 현재진행형이다.

더 큰 문제는 히말라야가 네팔에만 걸쳐 있지 않다는 것이다. 2021년을 기준으로 히말라야 전역에 4198개의 빙하호가 있고, 임자 호수 같은 극도로 위험한 상태의 빙하호가 60개, 중간 위협의 빙하호는 164개에 이른다.* 이 중 2021년 2월에 인도에서 발생한 히말라야 빙하 홍수는 과학계의 경고가 사실에 기반했음을, 기후 위기가 현실임을 상기시킨다.

인류세에 대자연은 신성시되지 않는다. 인류는 임자 호수와의 전투에서는 이기고 있지만(아직은 극도로 위험한 60개 빙하호 중 하나인 상태로 분류된다), 히말라야 전선에서는 밀리고

* Mohanty, L., & Maiti, S. (2021). Probability of glacial lake outburst flooding in the Himalaya. *Resources, Environment and Sustainability*, 5, 100031.

수위를 낮추는 작업이 진행 중인 임자 호수. 인위적으로 물을 빼냈지만, 낙석으로 인한 쓰나미와 홍수의 위협은 계속되고 있다. (사진: 네팔 정부)

있다. 2023년 10월, 인도에 위치한 또 다른 빙하호의 둑이 터져 82명 이상이 숨지는 등 빙하 홍수 소식은 계속 들려온다. 전문가들은 기후 위기로 인한 지구 온난화 때문에 21세기가 끝날 무렵에는 에베레스트 지역 빙하의 70퍼센트가 녹아 사라질 것이라고 경고한 바 있다. 기후 위기의 피해가 예상되는 모든 지점에 임자 호수처럼 천문학적인 돈과 인력, 시간을 투자할 수는 없는 노릇이다. 이대로라면 우리는 결국 질 수밖에 없는 전쟁을 하고 있다.

낭떠러지 대신 지뢰밭

우리가 네팔이나 인도처럼 히말라야 밑에서 살고 있다면 지금처럼 안온하지 않을 텐데, 대한민국 사람들은 참 운이 좋다. 한반도의 지정학적 위치와 기후가 상대적으로 기후 위기에 타격을 덜 받기 때문이다. 열대 지방이나 미국 캘리포니아 같은 곳은 사계절이 뚜렷하지 않은 탓에 조금의 변화도 크게 체감이 된다. 하지만 한국은 사계절이 뚜렷하기 때문에 기후 위기의 신호도 계절이 조금 빨리 오거나 늦게 가는 정도로 해석되기 쉽다. 그나마 과거에 비하면 계절 변동이 잦게 발생하니, 사계절이 예전 같지 않다는 것이 체감된다. 다들 겨울이 상대적으로 짧아지고 여름이 길어진 것 정도에는 동의하는데, 만약 기후 위기가 더 악화된다면 체감 수준은 훨씬 커지고 기후가 더 중요하게 우리 사회에서 논의될 것이다.

"사계절이 뚜렷하다는 건, 다시 말해서 자연의 탄력성, 복원력이 좋다는 것을 의미하죠. 우리가 태풍, 폭염을 경험해도 어느 정도의 피해만 있지 자연환경 자체가 무너지진 않았잖아요. 금방금방 회복되고. 대한민국은 온대 지방의 자연 탄력성이 좋은 곳에 세워진 문명이라고 할 수 있어요."

국립기상과학원 원장을 역임한 조천호 교수는 한국 사회에서 기후 위기의 심각성을 가장 열심히 알리고 있는 사람들 중 한 명이다. 2018년에 퇴임한 이후 저술, 강연 등 다양한 방식으로 대중과 소통하고 있다.

기후 위기가 당장 눈앞에 벌어지는 사건이면 서사가 달라졌을까? 미세먼지와 황사에는 민감하게 반응하는 우리 사회의 모습은 그런 의심을 하게 만든다. 누런 공기 입자가 내 눈앞에 보이고 저게 내 폐 속으로 들어간다고 생각하면서, 위험성을 즉각적으로 인지하고 지자체, 국가뿐만 아니라 중국 같은 인접국에도 문제 해결을 요구하는 적극성을 발휘했다. 미세먼지와 황사 또한 탄소 발생과 사막화로 인해 벌어지는 지구의 위기 중 일부인데, 눈에 보인다는 이유로 기후 문제와는 대응의 수준이 다르다. 원인은 같은데 반응은 다르다. 조천호 교수 또한 이 문제를 지적한다.

"시민이 나서서 전면적인 기후 위기 대응을 요구해야 하는데 갈 길이 멀죠. 시장, 도지사, 대통령에게 요구하고 행정, 정치, 시스템을 바꾸면서 근본적으로 대응해야 하는데 지금 기후 쪽으로는 '착한 소비자 운동' 수준에 머무르고 있어요. 일회용품 쓰지 말자. 전기를 아끼기 위해 LED 전구로 바꾸자. 오래된 이메일 지워서 데이터 낭비하지 말자. 정부에서 홍보하고 기업이 광고하는 게 이 정도 수준이죠. 오늘날 주류 시스템은 시민에게 착한 소비자가 되라고 요구하고 있어요."

순간 그의 목소리가 커진다. 그럴 만도 하다. 착한 소비자가 되는 정도로 해결될 문제면 수십 년째 전 세계 기후과학자들이 정기적으로 모여 장기간에 걸쳐 IPCC 보고서를 작성하고 있을 필요도 없을 것이다. 왜곡된 프레임과 무관심은 현재의 과잉 소비 시스템을 암묵적으로 용인하는 결과를 낳는다. 매년 각국의 기후 변화 대응을 평가하는 '기후 변화 대응지수'에서 한국은 2022년에 63개국 중 60위에 머물렀다. 한국보다 더 나쁜 성적표를 받은 나라는 이란, 사우디아라비아, 카자흐스탄뿐이다. '착한 소비자 운동'이 진행되는 사이 우리는 세계적으로 뒤처지고 있다.

IPCC는 '기후 변화에 관한 정부 간 협의체Intergovernmental Panel on Climate Change'의 약자로, 인간의 활동이 기후에 미치는 영향을 평가하고 국제적인 대책을 마련하기 위해 설립된 유엔 산하의 국제 협의체다. 1990년에 1차 보고서를 발간한 이후로 5~7년에 한번 꼴로 과학적 사실을 종합해 새로운 버전의 보고서를 내놓고 있는데, 내놓을 때마다 전망은 악화하고 인류의 책임은 분명해지고 있다.

IPCC 1차 보고서는 지구 온난화가 진행되고 있다는 증거를 내놓았고, 2차 보고서(1995년)는 지구 온난화에 인간의 영향이 있음을 과학적으로 밝혔으며, 5차 보고서(2013~2014년)에서는 "기후 위기에 대한 인간의 영향이 95퍼센트 이상이다"라는 표현을 썼다. 2022년에 발간한 6차 보고서는 "기후 위기가 인간의 영향임이 명백하다"라고 표현을 바꾸었다. IPCC는 과학 연구를 직접 수행하는 기구가 아니라 기존에 동료평가를 통해 검증된 연구 결과들을 평가해 과학적 결론을 내리는 보수적인 조직이다. 보수적인 관점에서 바라보더라도 기후 위기가 심화했고 인간의 영향임이 명백한 것이다. 특히 이번 보고서에서는 어떤 변화는 이미 돌이킬 수 없다고 밝혔다.

절망적인 건 지금 당장 우리가 아무리 노력해도 한 순간 1.5도 상승선을 넘을 수밖에 없다는 사실이다. 온실가스 배출을 엄청나게 줄인다고 해도 바로 온도가 떨어지지 않고 조금 올라갔다가 내려가기 때문이다. 이러한 현상을 오버슈팅overshooting이라고 하는데, 두 가지 원인이 있다. 우선 온실가스로 인한 대기의 가열 효과가 뒤늦게 나타나기 때문이다. 온실가스 농도 상승으로 인한 영향이 공기 중에 드러나기 위해서는 전 세계 바다 표면이 따뜻해져야 하는데, 그 시간이 최소 10년에서 30~40년 정도 걸린다고 한다. 현재까지 배출한 온실가스가 앞으로 30~40년은 영향을 미칠 테니, 21세기 중반에 평균 기온이 1.5도 상승하는 것을 막을 수는 없다.

다른 이유로는 미세먼지의 원인인 석탄 사용을 줄이면 대기에서 냉각 효과를 일으키는 황산염도 감소해 온도 상승이 일어나기 때문이다. 미세먼지는 역설적으로 햇빛을 차단해

1.5도를 넘었어도 1.6도로 가지 않는다면,
지뢰밭에서 조금이라도 뒤로 갈 수 있다면
0.1도 상승 저지의 중요성은 커진다.
사람들은 낭떠러지 대신 지뢰밭에서
0.1도의 희망을 가질 수 있다.
비록 지뢰밭에서 핀 희망이지만.

기온을 0.4도 정도 냉각시키는 역할을 하고 있는데, 온실가스 배출이 줄게 되면 그 효과가 사라지게 된다. 이미 1.1도가 오른 상황에서 0.4도의 증가는 1.5도 돌파를 의미한다. 결국 1.5도를 막는 시나리오라고 해도 중간에 한 번 1.5도를 돌파할 것이라고 과학자들은 예측한 것이다.

설마설마했는데, 넘어서는 안 되는 선을 넘게 될 것이 자명한 상황 앞에서 과학자들도 조심스러워지기 시작했다. "표현이 바뀌고 있어요. 세계적으로 대표적인 기후과학자들의 용어가 변하는 것이 보입니다. 몇 년 전에는 분명히 낭떠러지로 떨어진다고 말했거든요. 티핑포인트*를 넘으면 추락한다

* 급격한 변화가 일어나는 임계점. 기후 위기가 임계 수준을 넘으면 지구시스템의 균형이 붕괴해 회복 불가능한 상태로 접어들 수 있다.

고 했었는데 이제는 낭떠러지 대신 지뢰밭에 들어간다고 표현하더군요." 지뢰밭에 들어간다고 무조건 지뢰를 밟는 것은 아니다. 하지만 지뢰밭에 점점 더 깊이 들어가면 지뢰를 밟을 확률이 높아진다. 또한 마음만 먹으면 지뢰밭에서 거꾸로 다시 나올 수도 있다. 반면에 낭떠러지는 떨어지는 순간 끝이다. "과학자들의 경고에도 세상이 멈추지 않았으니 이제는 서사가 바뀌는 겁니다."

단어가 달라진 배경에는 지구의 위기가 품고 있는 과학적 근거가 있다. 대기권, 지권, 생물권, 수권, 빙권 등 다양하게 구성되어 있는 지구시스템은 각각의 구역별로 시간의 규모가 다르다. 예를 들어 산호초의 백화현상으로 인한 멸종은 티핑포인트를 넘은 후 수십 년 걸린다. 녹지 않는 땅인 영구동토층의 해빙은 100년 가까이 걸린다. 빙하가 녹아 발생하는 해양 순환의 변화는 시간 단위가 만 년이다. 그래서 티핑포인트를 넘었다고 모든 영역이 한 번에 붕괴하는 것은 아니고 시간차가 있는 셈이다. 1.5도를 넘었어도 1.6도로 가지 않는다면, 지뢰밭에서 조금이라도 뒤로 갈 수 있다면 0.1도 상승 저지의 중요성은 커진다. 사람들은 낭떠러지 대신 지뢰밭에서 0.1도의 희망을 가질 수 있다. 비록 지뢰밭에서 핀 희망이지만.

"제가 처음 대중 강연할 때는 순전히 과학적인 이야기만 했어요. 그런데 이제는 질문이 훅훅 들어와요. '그래서 어떻게 하라는 건가요?' 참 난감하더라고요. 나는 과학자니까 그건 모르겠고 알아서 하라고 할 순 없잖아요. 과학자가 아니라 같이 고민하는 사람의 입장에서 대답해주긴 하는데, 질문하는 그 마음이 고맙게 느껴지더라고요."

기후나 플라스틱 관련한 강의를 일부러 찾아와 듣고, 질문까지 하는 이들의 마음에는 통로가 있다. 지구의 문제를 감지하고, 뭐라도 바꿔보겠다는 마음. 물론 그 마음이 실질적 실천과 사회적 변화로 나아가기 위해서는 통로들이 서로 연결되고 확장되는 과정을 거쳐야 하겠지만, 그 마음의 통로는 소중하다. 과학자들은 그 통로의 문이 닫히지 않게 낭떠러지 대신 지뢰밭이라는 표현으로 암울한 현실을 배려한 것이 아닐까.

비정상의 일상화

"과학하는 사람들도 다른 분야에 있으면 기후 변화 가짜 아니냐 이렇게 물어보는 사람들이 아직도 있어요."

쿨하게 말을 던지는 이는 지구수문학을 연구하는 김형준 교수다. 카이스트 교정에서 만난 그는 공포마케팅을 싫어했다. 2030년이나 2050년처럼 몇 년도가 되면 세상이 멸망할 거라는 식의 메시지를 과학이 싸울 대상이라고 여기고 있었다. 그도 그럴 것이 김형준 교수가 대기과학을 전공하던 학사·석사 시절인 1990년대 정도부터 기후 변화 이야기가 나왔는데, 정작 과학적 논쟁은 찾기 힘들고 미디어에 노출되는 거라고는 특정 연도가 되면 빙하가 죄다 녹아서 우리가 멸망할 거라는, 대중의 관심을 끌 만한 자극적인 이야기였다.

"과학자들이 어마어마한 시간과 인력과 돈을 쏟아부어서

기후과학을 발전시켜왔고 연구를 통해 기후 위기를 경고하는 메시지를 사회에 전달하려고 노력했죠. 하지만 대중에게 더 강하게 침투가 돼 있는 건 공포마케팅 같은 자극적인 메시지들이라는 걸 자주 느껴요."

실제로 앨 고어 전 미국 부통령이 진행자로 나서 전 세계에서 히트한 다큐멘터리 〈불편한 진실〉은 지구 온난화의 위험성을 지나치게 강조하려다 몇 가지 비약을 저질렀다. 강력한 스토리텔링으로 대중에게 경각심을 주는 데 성공했지만 지구시스템과학에 대한 신뢰를 깎아 먹었다는 평가도 존재한다.

카이스트 인류세연구센터의 참여연구원이기도 한 김형준 교수는 자연 현상에 인간이 미치는 영향을 슈퍼컴퓨터를 활용해 데이터로 증명하고 있다. 지구 환경을 구현한 메타버스를 잔뜩 만들어 다양한 조건에서 시뮬레이션을 돌려 태풍, 가뭄 등의 자연 현상에 인간이 미치는 영향을 산출하고 있다. 메타버스가 아바타들이 돌아다니는 곳인 줄로만 알았는데, 메타버스로 가상의 지구를 만들어서 기후 연구를 한다니, 세상 좋아졌다. 김형준 교수도 자신은 운이 좋다고 말한다. 기후 시스템은 거대하고 복잡한 비선형계이기 때문에 고려해야 하는 변수가 많으며, 특히 태풍의 경우 기후 모델에서 재현하기 굉장히 어렵다. 예전에는 컴퓨터 성능이 떨어져서 알 수 없는 것들이 많았는데, 컴퓨터 성능이 좋아지자 무수히 많은 시뮬레이션을 돌릴 수 있게 되었고 덕분에 통계적으로도 유의미한 데이터 산출이 가능해졌다.

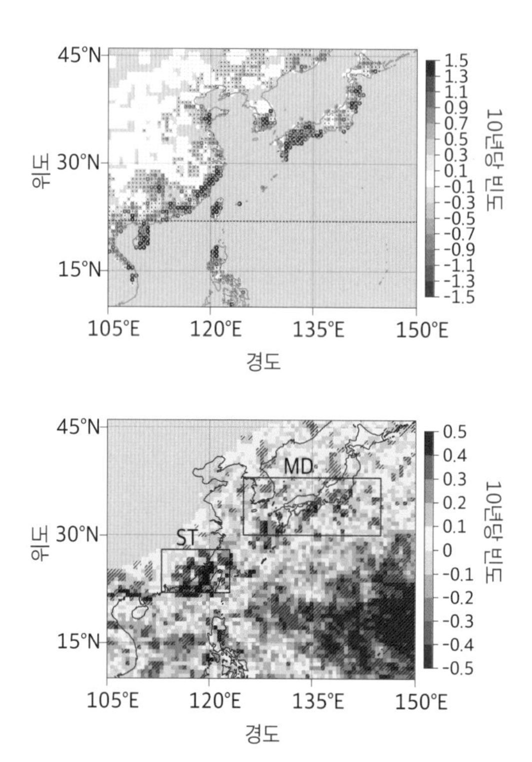

위쪽은 지난 50년간 태풍 호우의 빈도 변화를 보여주고, 아래쪽은 지구 메타버스 실험으로 추산한 태풍 호우의 빈도 변화를 보여준다. (자료: 김형준)

"2021년에 노벨 물리학상 받았던 막스플랑크기상학연구소의 클라우스 하셀만 교수가 개발한 '최적지문법Optimal Fingerprint'이라는 방법을 활용한 것입니다. 도표에 선이 무수히 많은데, 옅은 선 하나하나가 각각 하나의 메타버스 지구라고 생각하시면 돼요."

김형준 교수 연구팀은 이런 식으로 50년짜리 시뮬레이션을 100번 수행한 결과를 이용해 태풍의 발생 빈도를 예측했

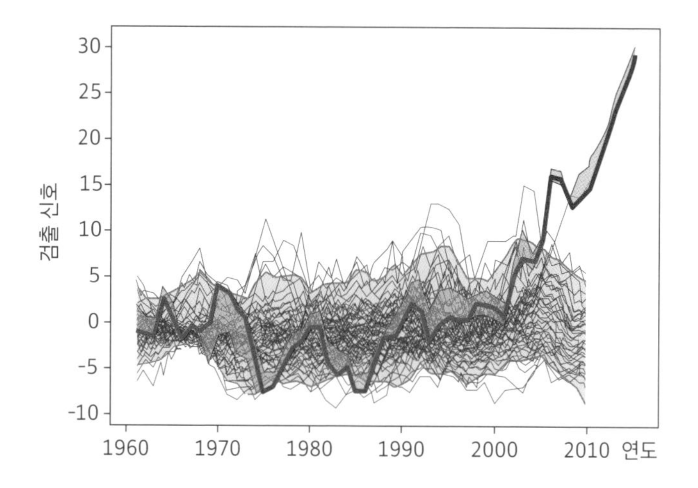

인류세 지문의 시계열 변화. 왼쪽 세로축에서 -10~10 정도가 자연변동성 구간을 뜻하고, 무수히 많은 선이 하나하나의 메타버스다. 빨간 선이 인간 활동이 반영된 메타버스와 실제 태풍 관측의 비교값이다.*

다. 그랬더니 인간의 활동이 없을 때의 지구는 일정한 변동성 안에 위치했는데, 인간의 활동이 있을 때의 지구는 어느 순간 변동 폭을 뚫고 올라갔다. 인간의 활동으로 인해 태풍 발생 빈도가 폭발적으로 증가하리라고 시뮬레이션이 예측한 것이다. 그런데 이 메타버스의 그래프와 실제 지구에서 관측한 그래프가 일치했다. 즉, 인간 활동에 의한 기후 변화 신호가 매우 강하다는 것이 증명된 것이다.

최근 김형준 교수팀은 2030년부터는 기후 재난이 일상화

* Utsumi, N., & Kim, H. (2022). Observed influence of anthropogenic climate change on tropical cyclone heavy rainfall. *Nature Climate Change*, 12(5), 436-440.

되리라는 것을 세계 최초로 밝혀냈다. 141년에 한 번꼴로 발생했던 역대 최악의 가뭄이 가까운 미래에는 매년 발생해 당연하게 받아들여질 것이란 내용이었다. "재난의 일상화라고 생각하면 돼요. 재해는 평균적인 변동성을 굉장히 크게 벗어나는 일이잖아요."

7개국 13개 기관으로 구성된 국제 공동 연구팀은 수치모델을 이용해 전 지구 하천유량의 미래 변화를 예측하고 가뭄이 일어나는 빈도를 조사했다. 연구팀이 1865년부터 2005년까지의 평균적인 변동성을 관찰하고 2006년부터 2100년까지의 예측치를 시뮬레이션해보니 과거 141년 중 발생했던 최악의 대가뭄이 평균적인 변동성 안에 들어가는 상황으로 바뀌었다.

연구팀은 과거에는 역대 최악의 수준이었던 가뭄이 수년에 걸쳐 지속적으로 일어나는, 이른바 '재난'이 일상화되는 시기를 추정해냈다. 연구 결과는 지중해 연안이나 남미의 남부 등 특정한 지역은 이번 세기 전반 혹은 중간쯤에 역대 최악의 가뭄이 적어도 5년 이상 연속적으로 일어나는 시기를 맞이하고, 과거에는 비정상 상태로 간주되었던 재난이 일상에서 빈번하게 일어날 확률이 높아짐을 보였다. 또한 온실가스의 배출을 적극적으로 줄여나가더라도 어떤 지역에서는 십여 년 안에 이와 같은 일이 벌어질 수 있음을 발견했다. 김형준 교수는 그것을 '재난의 일상화', 다른 말로 '비정상의 일상화'라고 부른다.

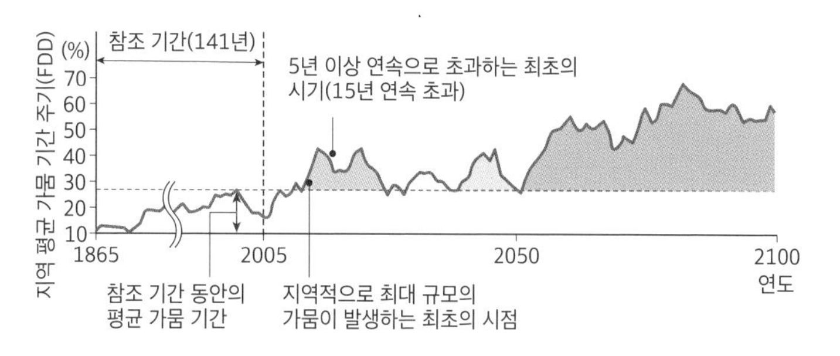

가까운 미래에 '역대 최악의 가뭄'은 일상이 될지도 모른다. (자료: 김형준)

비정상의 일상화라. 두려운 말이다. 정상이 아닌 것이 정상이 되는 시대. 그 말을 과학자의 입을 통해 들으니 섬뜩하다. 그의 연구팀과 슈퍼컴퓨터는 계속 섬뜩한 연구 결과를 내기 위해 24시간 가동 중이다.

"2022년 장마로 서울에 역대 최악의 폭우가 내렸잖아요. 사실은 저희가 딱 그 연구를 하고 있어요. 인간의 활동이 장마 강도와 폭우에 미치는 영향인데, 거의 끝나가요."

사람과 달리 컴퓨터와 데이터는 거짓말을 하지 않는다. 아직도 기후 위기가 가짜냐고 묻는 사람들이 있다면 이 연구팀의 슈퍼컴퓨터를 소개해줘야겠다는 생각이 들었다.

재난의 속도

인류세적 재난이 체감되지 않는 이유 중 하나는 재난의 예고에서 발생까지 진행되는 속도가 느리기 때문이다. 앞서 언급한 히말라야 빙하 홍수가 그런 경우였고 태평양과 대서양에 분포한 작은 섬나라들의 해수면 상승도 마찬가지다.

2013년에 프로그램 제작을 위해 투발루에 갔었다. 당시 투발루는 지구 온난화로 해수면 상승이 가장 극명하게 나타나는 섬 국가로 국내외 취재진에게 인기 촬영지였다. 세계에서 네 번째로 작은 국가. 9개의 섬 중 2개가 이미 물에 잠겼다. 50~100년 후면 사람이 살기 불가능해진다. 이미 2000명 넘는 원주민이 뉴질랜드로 이주했다.

그 현장을 취재하기 위해 한국에서 직항이 있는 피지로 이동해 20명 남짓 탑승하는 작은 비행기로 환승했다. 남태평

"내 자식은 당연하고 훗날 생길 손주들에게
투발루인으로서의 삶을 선물하고 싶어요.
모국어로 말하고 투발루 사람이
된다는 것의 가치를 일깨우고 싶죠.
기후 위기로 제가 이민을 택하는 일은
없을 것입니다."

양 위를 2시간 동안 날자 라군이 펼쳐지고 산호초로 이뤄진 투발루의 수도 푸나푸티섬의 전경이 한눈에 들어왔다. 투발루 전체 면적은 25.9제곱킬로미터. 여의도 면적(8.4제곱킬로미터)의 3배 정도다. 길이 12킬로미터의 푸나푸티에서 폭이 제일 넓은 곳이 600미터, 좁은 곳은 겨우 6미터 남짓이다. 푸나푸티에는 시냇물이나 강이 없다. 그래서 1년에 3000밀리미터 정도 내리는 빗물을 모아 5000여 명의 푸나푸티 주민이 생활용수로 쓴다.

그중 한 명과 특별한 연을 맺었다. 2013년에 〈하나뿐인 지구 – 기후변화, 투발루의 증언〉 편의 주인공으로 출연한 카바티아다. 외항선원으로 일하기 때문에 영어를 곧잘 했다. 그를 따라다니며 나는 투발루 사람들이 주식으로 삼는 카사바 밭이 어떻게 해수에 오염되어 망가지고 있는지, 인근 작은 무인도는 얼마만큼 물속으로 잠겼는지 눈으로 볼 수 있었다. 해수면 상승은 가장 높은 곳이 해발 4.6미터에 불과한 투발루를 언제라도 집어삼킬 기세였다.

지금 투발루는 어떤 상황일까? 2022년 봄, 오랜만에 카바티아에게 연락을 취했다. 남태평양 사람 특유의 미소로 연락을 반긴 그와 컴퓨터 모니터 너머로 이야기를 나눴다.

"예전에는 킹타이드(봄철의 해수면 상승 시기)에 괜찮았던 곳들도 이제는 침수되기 시작했어요. 여기저기서 물이 치솟는 걸 쉽게 볼 수 있습니다. 파도가 해변가 나무를 휩쓸어버리고 길가에 위치한 집들을 파손해 그쪽 주민들은 육지 안쪽으로 이사를 가야만 해요."

다음 질문을 던지기 조심스러웠다. 9년 전, 언론에 마치 종말이 올 것처럼 묘사됐던 투발루가 정말 드라마틱하게 침몰하면 어쩌나 하는 마음에 더듬더듬 물었다. 경고가 현실이 됐는지를.

"2013년 이후 간척 공사를 많이 했어요. 투발루 섬에서도 대양을 바라보고 있는 쪽이요. 특히 정부 청사가 있는 쪽의 안전성이 많이 보강됐어요. 그래서 조금이나마 위협 수준을 낮췄죠."

생존이 걸린 문제에서 손 놓고 있을 수 없는 투발루인들은 예산을 들여 대비를 하고 있다. 기후 위기에 적응하려는 이런 움직임을 백번 응원하지만, 어려운 투발루의 경제 상황

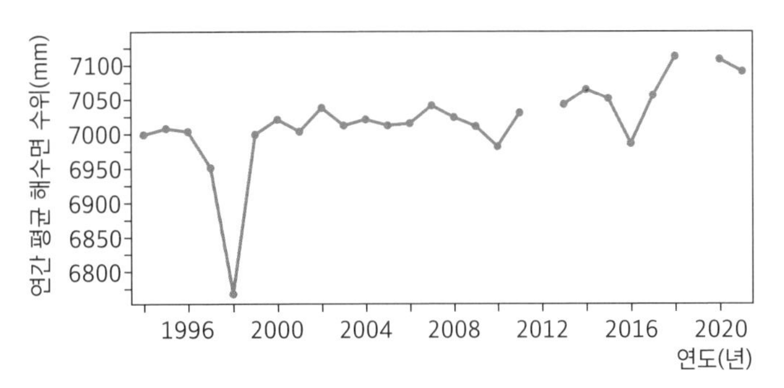

투발루 연도별 해수면 수위 기록표. (자료: psmsl.org)

을 생각하면 그 한계가 예상된다. 바티칸을 제외하면 세계에서 가장 인구가 적고(2018년 기준 1만 1510명), 국토가 네 번째로 작은 나라. 경제 규모가 작다 보니 재원을 마련하기 위해 2000년에는 국가 도메인 ".tv"를 해외 민간업체에 장기 임대하기도 했다. 이런 투발루의 대응 능력을 차치하고도, 과학적 수치는 투발루의 상황이 점점 안 좋아지고 있음을 가리킨다.

내가 방문한 2013년에 투발루의 연평균 해수면 수위는 7040밀리미터였는데, 2020년에는 7109밀리미터가 됐다. 7년 사이 약 70밀리미터 증가했으니, 일 년에 1센티미터씩 해수면이 오르고 있는 셈이다. 다른 언론에서는 연당 평균 0.5센티미터씩 오를 거라고 보도가 됐었는데 2013년 이후 7년을 놓고 보았을 때는 상황이 더 안 좋았다.

상황이 이렇다 보니 뉴질랜드로 이민을 많이 간다. 투발루 정부는 뉴질랜드 정부와 협약을 맺고 PAC Pacific Access Catagory라는 프로그램을 운영하며 한 해 최대 75명까지 이주시키고 있다. 말 그대로 기후난민이다. 2013년 이후에만 600여 명 이상이 투발루에서 뉴질랜드로 빠져나갔다. 이 숫자는 해를 거듭할수록 쌓인다. 투발루는 출생률이 높아 전체 인구는 유지되고 있지만, 이미 해외로 이주한 원주민의 비율이 20퍼센트를 넘고 앞으로도 꾸준히 이주가 예정되어 있다는 것은 투발루의 경제 활력을 떨어뜨리기에 충분하다. 멀쩡한 고향을 등지고 가족과 이웃을 떠나는 정서적 문제도 있다.

투발루인들은 절실하다. 2021년 11월 8일, 세계 정상들이 모여 지구의 미래를 결정하는 제26차 유엔기후변화협약 당사국총회(COP26)•에서 투발루 외무장관 사이먼 코페는 허벅지까지 차오른 바닷물 속에 선 채 연설했다.

"바닷물이 계속 차오르고 있는 상황에서 말뿐인 약속만을 기다릴 여유가 없습니다."

수중 연설 장면은 깜짝 이벤트로 다뤄지며 일시적으로나마 세계적 관심을 받는 데 성공했다. 내 친구 카바티아는 그 이벤트 장소가 어딘지 안다고 했다. 푸나푸티섬의 북서쪽. 한때 육지였다. 투발루에는 육지가 바다가 되고 바닷물 위로 보이던 섬이 점차 사라져, 기억하는 이마저 사라진다면 예전에 거기가 땅이었는지 아니었는지조차도 모를 곳이 늘고 있다.

"내 자식은 당연하고 훗날 생길 손주들에게 내가 가진 투

• 1992년에 유엔환경계획의 주도로 열린 리우 회의에서 '유엔기후변화협약'이 맺어졌으며, 1995년에 제1차 당사국총회(COP1)가 열린 이후로 매년 당사국 총회가 개최되고 있다.

(사진: 투발루 정부)

카바티아는
그가 서 있는 곳이
어디인지 안다고 했다.

푸나푸티 섬의 북서쪽.
한때 육지였던 곳이다.

발루인으로서의 삶을 선물하고 싶어요. 모국어로 말하고 투발루 사람이 된다는 것의 가치를 일깨우고 싶죠. 기후 위기로 제가 이민을 택하는 일은 없을 것입니다."

참 잘 웃는 카바티아는 기후 문제를 이야기할 때는 슬픈 눈을 보이고 이민 이야기를 할 때는 단호하다. 나는 그와 가족이 투발루에서 그 미소를 간직한 채 계속 행복하게 살기를 진심으로 바란다.

카바티아가 직접 촬영한 투발루 수도 푸나푸티 침수 사진. 2022년 3월 30일.

∘ 만성화된 위기감

아무리 이 책에서 투발루의 해수면 상승과 히말라야의 빙하 홍수 피해를 구체적인 사례로 보여줘도 '그게 뭐?', '뭐 어쩌라고' 식으로 대수롭지 않게 여길 사람이 많다는 것을 안다.

수천 킬로미터 밖의 재난이 대한민국에 사람에게는 피부로 와닿지 않는다. 더 무서운 점은 그런 식의 사고방식은 설사 피부로 와닿는 계절 변화, 기후 위기 재해가 발생하더라도 동일하게 작용한다는 것이다. 폭염이 지속돼도 적당히 에어컨 틀고 버티고, 강한 태풍이 찾아오면 하루 이틀 긴장하고 말고, 봄과 가을이 짧아져도 '그게 뭐?'라며 눈 하나 꿈쩍하지 않을 사람, 주변에 꽤 많다. 투발루나 히말라야, 북극에 비해 상대적으로 안전한 한반도에서는 웬만한 지구의 위기도 항시적이지 않기 때문이다.

"예전에도 있었는데 뭐." 괴로운 순간은 짧고, 기억은 왜곡된다. 태풍 힌남노가 상륙하면 19년 전 태풍 매미를 떠올리고, 역대 최장의 장마가 찾아오면 그전의 유사했던 장마를 생각하며 대수롭지 않게 여긴다.

위기감의 만성화. 지구의 위기에 대해 심리적으로 학습된 결과다. 코로나19 팬데믹 정도의 장기 이벤트가 발생해 2~3년 정도 일상에 제약이 있어야 조금 바뀔까 말까다. 이마저도 몇 년 후 또 다른 신종 인수공통감염병이 나타나고 팬데믹이 확산해도 '2020년에는 코로나19가 있었는데 뭐'라는 식으로 작용할 수도 있다.

세계적인 페미니즘 사상가이자 생물학자인 도나 해러웨이는 『트러블과 함께하기』•라는 저서를 통해 생각하는 능력을 포기하는 것에 대한 질문을 던진다. 그녀는 인류세를 '긴급성의 시대'라고 부른다. 우리가 무모하게 돌진해오는 대참사에 직면해 있으면서도 마주 보기를 거부하는 시대이다. 대규모 죽음과 멸종 등 비상사태가 절박한 만큼 긴급한 대처가 필요하지만, 해러웨이의 말에 따르면 세계는 지금 전례 없는 '눈길 회피'의 시간을 보내고 있다. 역사적으로 상상 불가능했던 일들이 현재 벌어지고 있는데, 정작 당사자는 문제를 쳐다보기는커녕 외면하고 생각하기를 포기하는 역설적 상황이다. 이 답답함을 타개하기 위해 그녀는 나치의 전쟁 범죄자 아돌

• 도나 해러웨이 지음, 최유미 옮김, 『트러블과 함께하기』, 마농지, 2021년.

프 아이히만의 사유 무능력에 관한 한나 아렌트의 유명한 분석을 호명한다. 바로 '악의 평범성'이다.

1961년에 이스라엘 수도 예루살렘에서 나치 친위대 중령 아돌프 아이히만의 재판이 열렸다. 제2차 세계대전 중 유럽 각지에서 유대인을 잡아 강제로 열차에 태워 폴란드 수용소로 이송해 500만 명 이상의 학살을 방조한 독일인은 뒤늦게 체포돼 심판을 받았다. 악마와 같은 일을 저질렀지만 법정에 선 전범은 마른 체구에 침착하고 당당했다. 정상적이고 평범한 모습으로 "자신은 그저 맡겨진 일을 열심히 했을 뿐"이라고 항변했다. 재판을 지켜본 여섯 명의 정신과 의사들은 그의 심리는 정상이며, 준법정신이 투철하다고 진단했다. 이 과정을 지켜본 정치사상가 한나 아렌트는 큰 깨달음을 얻는다. 나치 전범 아이히만은 불가해한 괴물이 아니라 평범한 사유가 결여된, 무감각한 한 인간이었을 뿐이다.

반면 한나 아렌트는 질문을 던지는 사람이었다. 독일의 유대인 가정에서 태어나 제2차 세계대전을 겪으며 미국으로 망명한 한나 아렌트는 '왜 이런 참혹한 시대가 열렸을까'를 고민했다. 그러다 나치 전범의 재판을 운명적으로 취재했고, 이후 관련 자료를 취합해 '악의 평범성'에 관한 보고서를 출판했다. 이 보고서는 평범한 사유의 결여가 어떤 결과를 낳는지 통찰해 반향을 일으켰다. 1975년에 세상을 떠난 그녀의 삶과 사상은 시대가 위태로울 때마다 소환되고 '악의 평범성' 또한 호명된다.

"생각하세요, 우리는 생각해야 합니다!" 도나 해러웨이는 긴급성의 시대에 우리는 사유해야만 한다고 말한다. 유대인 집단 학살인 홀로코스트에 비견될 인류세 재앙에 맞서려면 '악의 평범성'에 비견될 만성화된 위기감을 타개해야 한다. 사유의 결여는 철저한 항복을 의미할 뿐이다. 긴급성의 시대는 우리가 사유해야 하는 시간이다.

"삑삑삑삑" 굉음이 호주머니 여기저기서 울린다. 국가가 발송하는 재난문자다. 여름철이면 하루에도 여러 번 발송하다 보니 휴대전화 경고음으로 일대가 소란스러워지는 것은 한국인들에게 일상적 풍경이다. 미국에서 한국으로 온 스콧 가브리엘 놀스 교수는 폭염 경보 문자를 받았을 때 다르게 느꼈다. 당시 서울 경의선숲길공원을 걷고 있었는데 갑자기 굉음이 울리며 아이폰 화면 가득히 알 수 없는 한국어가 뜨자 불안했다. 순간적으로 대한민국이 분단 국가라는 사실을 체감한 것이다. 하필 1906년에 개통해 남북을 관통하던 경의선을 공원으로 꾸민 장소를 걷고 있던 것도, 폭염으로 재난문자를 받아본 적이 없던 것도 감정을 증폭했다. 직업적 배경도 작용했다. 그는 9·11 테러, 후쿠시마 원전 사고 등을 연구한 재난 역사 전문가다. 현재 카이스트 과학기술정책대학원 교수로 재직하며 인류세를 연구한다. 인류세연구센터에도 공동 연구원으로 참여하고 있다.

놀스 교수는 '느린 재난'이란 표현을 사용한다. 기후 위기,

코로나19 대유행 같은 재난에는 공통점이 있다. 재난의 발생은 순식간이지만, 그러한 그 지점에 이르기까지 오랜 세월에 걸쳐 재난의 전조가 축적되어왔다는 점이다.

일반적으로 생각하는 재난은 시작점이 있고 종결점이 있다. 폭우가 내렸다고 하면, 비가 그치고 보상과 복구 절차가 마무리되면 끝났다고 여긴다. 하지만 상습피해지역인 강남역에 폭우로 수해가 발생한 것을 뜯어보면 거기에는 굉장히 오랜 기간 수해 대비 인프라가 구축이 안 됐고, 수십 년 사이에 기후 위기가 심화했으며, 수해 발생 시 행정당국의 대처 능력이 떨어지는 등 구조적인 문제가 있었다. 그걸 보기 위해서는 재난을 하나의 이벤트가 아니라 긴 과정으로 보고, 여러 요소가 서로 어떻게 연결되어 있는지 파악해야 한다.

'느린 재난' 전문가인 놀스 교수는 인류세 시대에는 '중립적인 재난'도, '순수하게 자연적인 재난'도 없다고 단언한다. 인류세 현장은 누적된 산업화의 결과일 뿐 아니라, 재난의 전조를 방기한 사회의 공동 책임이기도 하다. 행성 전체에 걸쳐 나타나는 인류세 현장의 특성을 이해한다면 투발루와 히말라야의 위기는 곧 우리와 연결된다. 그렇기에 만성화된 위기감이 선사하는 '그게 뭐?'의 무감각함을 더 경계해야 한다. 무감각하기에는 이 시대가 너무 긴급하다.

에어컨, 그 양의 되먹임

2018년 8월 중순, 전국이 폭염에 휩싸였다. 서울은 7월 15일부터 8월 22일 사이에 나흘을 제외하고 모두 일 최고기온이 33도를 넘었고, 대구는 6월부터 8월까지 40일 동안 폭염이 발생했다. 그해 강원도 동해안 해수욕장 이용객은 전년보다 17.7퍼센트 줄어 1846만 7737명을 기록했고, 다른 지역의 해수욕장 이용객도 20퍼센트쯤 줄었다. 되레 실내에 머무는 사람이 늘어나면서 에어컨 판매량이 전년에 비해 60퍼센트 증가했다.

나는 에어컨 없이 산 지 7년째다. 더위를 많이 타지 않는 편이기도 하지만, 운이 좋아서 그렇게 살 수 있었다. 처음 3년은 혼자 빌라에서 살아서 가능했다. 선풍기로 버티고 너무 더울 땐 탈의로 해결했다. 그 시절에는 전기를 너무 조금 써서 한전 관리원이 집에 찾아와 전기료가 왜 이렇게 적게 나오는지 물은 적도 있다. 당시 청구된 전기료는 990원이었다.

결혼 후 아파트로 이사했는데, 산 밑이라 바람이 잘 통한다. 바람 통로에 위치한 덕분에 공기 흐름이 원활해 겨울에 추운 대신 여름에는 제법 시원하다. 그래서 창문을 열어놓고 있으면 지낼 만하다. 단, 이 조건들에는 이웃과 행인들이 배제돼 있다. 창문을 열어놓는다는 것은 주변과의 차단막이 사라진다는 뜻이다. 고스란히 자연의 일부가 되는 기분이다.

우선, 여름에는 매미가 시끄럽게 운다. 새벽부터 방충망에 붙어 울어대면 출근시간보다 훨씬 먼저 잠을 깨야 하는데, 이건 자연의 법칙이니 낭만적이다. 하지만 조명으로 인해 밤에도 울어대니 열대야라도 있는 날에는 잠을 설치기 일쑤다. 늘어난 배달음식 주문으로 오토바이 소음도 꽤 거슬린다.

하지만 가장 싫은 것은 이웃의 에어컨 실외기다. 오래되거나 설치가 잘못된 실외기가 내는 소음은 상상 이상이다. "달달달달달달달달" 그 소리가 어찌나 큰지 어느 집 실외기인지 파악해 관리사무소에 항의한 적도 있다. 우리 집을 빼곤 대부분 실외기가 설치되어 있고 많은 시간 가동 중이다 보니 소음이 어디서 나는지 파악하는 데도 시간이 꽤 걸렸다. 관리사무소에 나처럼 이웃집 실외기 소음을 항의하는 사람은 많지 않았다. 사실, 창문을 닫으면 상당 부분 해결되는 문제니까. 창문을 열어놓다 보니 이웃집 실외기 호스에서 배출된 물이 거실로 날아 들어와 이웃집에 직접 항의한 적도 있다. 여름이면 본의 아니게 '프로불편러'가 된다.

항의야 몇몇 집에 해당하는 문제이지만, 정말 중요한 지점은 실외기의 존재 자체에 있다. 실내의 뜨거운 공기를 실외로 빼기 위해 발명됐기 때문이다. 이웃이나 지구의 관점에서 보면 이기적인 행위다. 물론 창문을 닫고 살면 이웃집에서 내보내는 열기가 이기적으로 느껴지지 않고, 똑같이 에어컨을 사용하는 입장이라면 같은 처지이기 때문에 그렇게까지 생각하지 않겠지만, 나는 다르다. 아파트 옆 동에서 배출한 뜨거운 공기가 우리 집으로 들어온다.

빌라에서 살 때는 더 심했다. 높은 건폐율 탓에 건물 사이 거리가 좁아 창밖 몇 미터 앞에 다른 건물 실외기가 있었다. 그 팬이 돌 때면 내 몸에 대고 온풍기를 튼 듯한 착각이 들 정도였다. 여름이면 회사에 출근해서 에어컨이 켜진 세상에 살다가, 퇴근해 아파트 현관에 들어가기 전 발길을 멈추고 건물 전경을 둘러보게 된다. 한두 집을 제외하고 빼곡히 들어찬 실외기는 내가 사는 아파트 세대 수만큼 우리 집을 에워싸고 있다. 이웃과 산다는 것은 이웃의 에어컨 실외기 소음과 열기를 감당해야 한다는 뜻이다.

개인적 차원에서는 이웃이라 말조심했지만, 지구적 차원에서 바라보면 에어컨 실외기는 확실히 악당이다. 평균적인 집 한 채를 냉방하는 에어컨은 냉장고 15대 이상의 전기를 소비한다. 에어컨으로 인해 여름철 도심 기온이 오르고, 에어컨 사용에 따른 탄소 발생은 기후 위기를 부추긴다. 기후 위

역대급 폭염이 오면 에어컨을 켜서
온도를 낮추면 되고, 최장의 장마가 오면
제습기로 습도를 낮추면 된다.
살 만한 이들의 손쉬운 해결책은
양의 되먹임이라는 부메랑이 되어
다시 역대급 폭염과 장마로 이어진다.

기는 다시 에어컨 판매 급증을 낳는다. 우리나라와 달리 유럽은 에어컨 보급률이 낮은 편이었다. 프랑스와 영국은 가정의 5퍼센트 미만, 독일은 3퍼센트만이 에어컨을 갖고 있었다. 2022년에 유럽이 폭염으로 들끓자 상황이 바뀌었다. 국제에너지기구는 유럽연합의 에어컨 수량이 2019년 1억 1000만 대에서 2050년에는 2억 7500만 대로 두 배 이상 늘어날 것으로 전망했다. 지구가 뜨거워질수록 현대의 발명품인 에어컨은 불티나게 팔린다. 그 간단한 대응은 지구를 더 뜨겁게 만든다. 양의 되먹임이다.

『호흡공동체』*를 공동 저술한 카이스트 전치형 교수도 이

* 전치형, 김성은, 김희원, 강미량 지음, 『호흡공동체』, 창비, 2021년.

에 대해 할 말이 많다. "폭염의 역설이라고 불러요. 본래 7월 말에서 8월 초, 더운 시기에 피서를 떠나죠. 그런데 이제는 35도를 넘을 때가 많아요. 밖으로 나갈 엄두를 못 낼 정도의 온도죠. 너무 더우면 피서도 못 가는 세상이에요."

더위를 피한다는 뜻의 피서避暑. 폭염과 열대야의 증가로 인해 고전적인 피서가 집에서 시원하고 쾌적한 환경을 즐기는 '홈캉스'나 가까운 도심 호텔 방에서 예상 가능한 휴가를 보내는 '호캉스'로 바뀌고 있다. 공기가 서늘한 자연환경으로 이동하지 않고 공기가 쾌적한 인공환경을 조성하는 쪽으로 피서의 형태가 전환됐다. 인간이 내뿜는 온실기체가 지구의 공기 조건을 뒤흔들며 더 강하고 긴 폭염이 오고 있는데, 이에 대항해서 인간은 더 많은 온실기체를 배출하는 것이다.

"결국 폭염 앞에서 각자도생하고 있는데, 에어컨으로 자기 몸 주위의 공기를 시원하게 만들 형편이 되는 사람은 정해져 있어요. 폭염의 뜨거운 공기는 모두에게 공평하게 퍼지지 않아요. 제가 주목하는 건 전례 없는 더위 앞에서 아무런 보호막 없이 뜨거운 공기에 노출될 수밖에 없는 사람들이죠."

생계를 위해 폭염에도 야외에서 일해야 하는 사람들, 배달 노동자, 건설 노동자는 온몸으로 더위를 견딜 수밖에 없다. 개인적으로 냉방설비를 갖출 수 없는 사람들, 특히 노인은 더위에 취약해 직접적인 건강 피해가 크다. 이들의 모습은 섬나라 투발루에 사는 카바티아와 다르지 않다. 해수면 상승으로 주거 안정성을 침해받는 남태평양의 주민들은 뜨거워진 공기로 주거 안정성을 침해받는 대한민국의 폭염 취약계층과 연결되어 있다. 그 공통 원인은 화석연료 사용이고, 에어컨은 그 주범 중 하나다.

우리가 지구적 위기를 외면할 수 있는 것은 외면해도 아직은 살 만하기 때문이다. 역대급 폭염이 오면 에어컨을 켜서 온도를 낮추면 되고, 최장의 장마가 오면 제습기로 습도를 낮추면 된다. 살 만한 이들의 손쉬운 해결책은 양의 되먹임이라는 부메랑이 되어 다시 역대급 폭염과 장마로 이어진다. 급기야 안토니우 구테흐스 유엔 사무총장이 이 화석연료 중독 문제를 지적하며 발언했다. "우리에게는 선택지가 있다. 집단행동이냐 집단자살이냐. 그것은 우리의 손에 달렸다."

세계기구 정상의 경고는 2022년 7월 18일, 유럽에 40도가 넘는 폭염이 기승을 부리고 있을 때 나왔다. 포르투갈에서는 같은 달 7일부터 18일까지 1063명이 폭염으로 인해 사망했다. 스페인에서도 열흘간 폭염 관련 사망자가 500명이 넘었다. 대한민국의 같은 달 전국 폭염일수는 5.8일로 평년보다 1.7일 많은 역대 12번째 수치였다. 집단자살을 할 거냐고 유엔 사무총장이 물어도 집마다 달린 에어컨 실외기들은 "달달달달달달달달" 무심하게 돌아간다. 더 더울수록 더 맹렬히 돌아간다. 창밖에는 건너편 25층짜리 아파트 한 동에 매달린 100여 개의 실외기가 날 쳐다보며 윙크하듯 회전날개를 깜빡인다. 그 규격화된 풍경은 하나의 목소리가 되어 속삭인다. 돈 룩 업! 소행성이 다가와도 고개를 돌려 외면하라고.

KOHLE
STOPPEN!
BUND
KLIMA
TTEN!

2장

대중의 언어

기후 문해력

점점 명징해지는 지구의 위기가 우리에게 갈급하게 느껴지지 않는 이유 중 하나는 언어다. 과학 지식을 쉬운 언어로 담는 것은 당연히 어려운 일이지만, 우리는 너무나 온순하거나 난해한 단어를 사용하고 있다. 시인이자 환경운동가인 안드리 스나이르 마그나손이 지은 『시간과 물에 대하여』에는 해수 산성화에 대한 이야기가 나온다.*

바닷물의 산성도가 내려간다는 것은 바다의 성질 자체가 근본적으로 바뀌고 생태계 전체가 교란될 수도 있음을 뜻한다. 과학자들은 바닷물의 수소이온농도가 pH 8.2에서

* 안드리 스나이르 마그나손 지음, 노승영 옮김, 『시간과 물에 대하여』, 북하우스, 2020년.

7.7~7.9로 내려갈 것으로 예상하는데, 이것은 바닷물 맛이 달라질 정도의 엄청난 변화다. 하지만 그렇게 심각하게 느껴지진 않는다. 0.3~0.5라는 변화폭이 몇 억 정도는 우습고 몇 조 단위의 숫자까지도 익숙해진 우리에게 하찮게 들리기 때문이다. pH는 로그 척도로서 한 단위의 증가가 10배의 증가를 나타내서 숫자 증가가 드라마틱하지 않다. 10배가 늘어도 숫자 하나가 올라갈 뿐이다. 킬로미터, 그램 같은 선형적 척도에 익숙한 일반인에게는 직관적이지 않다. 하지만 이렇게 생각해보면 이야기는 달라진다. 인간의 혈액이 감당할 수 있는 산성도의 변화는 pH 7.35에서 pH 7.45 사이이다. 이 0.1의 변화폭을 벗어나면 장기 부전이나 사망처럼 심각한 문제가 생길 수 있다.

그래서 저자 마그나손은 인체 혈액의 산성도만큼 동물들에게 중요한 해수 산성도의 변화폭 pH 0.3을 적을 때 그 심각성을 친절하게 알려주려면 "pH 0.3!!!!!!!!!!!!!!!!!!!!!!"으로 표기해야 마땅하다고 할 정도다. 그 말에 백번 공감하지만 과학자들의 언어를 매번 누군가 그 중요성을 판단해 변환해준다는 것은 현실적이지 않다. 그래서 이런 시대일수록 기후 문해력 교육이 필요하다.

문해력은 글을 읽고 이해하는 능력을 뜻한다. '심심한 사과'라는 표현이 문해력이 떨어지는 사람에게는 '지루한 사과'로 오독되는 것처럼, 기후 문해력climate literacy이 떨어져 있는 사람들에게는 아무리 기후 위기의 수치적 증거들을 팩트로

점점 명징해지는 지구의 위기가
우리에게 갈급하게 느껴지지 않는
이유 중 하나는 언어다.
과학적 지식을 쉬운 언어로 담는 것은
당연히 어려운 일이지만, 우리는 너무나
온순하거나 난해한 단어를 사용하고 있다.

제시해도 소귀에 경 읽기가 될 수밖에 없다. 다시 『시간과 물에 대하여』의 한 구절로 가본다.

"2100년에는 해수의 수소이온농도가 pH 7.8에 접근하면서, 북극의 아라고나이트 아亞포화가 칼슘 형성 유기체에 중대한 부정적 영향을 미칠 것으로 예상된다."

자칫 암호문처럼 읽힐 수 있지만, 몇 가지를 귀띔해주면 무슨 내용인지 파악된다. 아라고나이트는 대다수 조개류의 껍데기를 만드는 성분이다. 해양이 산성화되면 해수의 칼슘 포화도가 감소하여 바닷물이 아포화subsaturated된다. 아포화 현상은 바다의 성질이 근본적으로 달라지는 것으로, 따뜻한 바닷물보다는 찬 바닷물에서 영향이 더 크다. 과포화된 바다는 석회를 방출하는 반면 아포화된 바다는 석회를 흡수하여 조개껍데기와 산호초를 녹인다. 결과적으로 pH 0.3의 변화는 조개와 산호가 녹아 없어지는 대멸종의 티핑포인트라고 할 수 있다.

해수가 산성화되는 것은 인류가 대기 중에 방출한 이산화탄소의 약 30퍼센트가 바닷물에 흡수되기 때문이다. '인간의 활동으로 인해 바닷물이 조개와 산호를 녹이는 시대.' 지금 필요한 것은 이렇게 몇 가지 귀띔이다. 그것이 시민들의 기후 문해력을 높이는 방법이다. 그리고 그 역할은 미디어에 쏠린다.

직접 제작한 프로그램에서 기후 문해력에 도움이 될 만한 정보를 제시한 경험을 말해본다. 평소 내가 이해가 안 되던 것을 프로그램을 통해 더 취재해 시청자들에게 알리면 뿌듯한데, '1도'가 그랬다.

흔히 지구 온도가 산업혁명 대비 1.5도가 넘으면, 지구시스템이 붕괴되기 시작하는 티핑포인트를 넘는다고 한다. 이미 1도 넘게 상승한 상황. 사실 pH 0.3처럼 1도도 크게 체감되지는 않는 온도 변화다. 감기에 걸렸을 때 체온이 2~3도 오르는 것이 부지기수라서 더 그렇게 느껴지기도 한다. 대체 지구 차원에서 1도가 어떤 의미이길래 그런 것일까? 팀원들과 각종 자료를 공부하고 내린 결론은, 이 다음 그래프를 보면 된다.

우리는 왼쪽 그래프인 (a)를 많이 봐서 1도의 의미가 확 와닿지 않는다. 하지만 시간의 스케일을 넓힌 (b) 그래프를 보면 1도가 다르게 다가온다. 약 1만 년 전인 홀로세* 초기부터

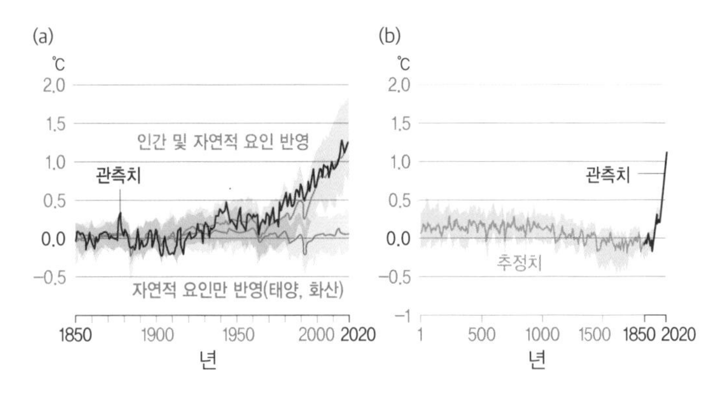

1850~1900년 대비 지구 표면온도 변화 그래프. (a) 연평균 지구 표면온도 변화 관측치(검은색 선)와 인간 및 자연적 요인(빨간색 선)과 자연적 요인(초록색 선)만 고려한 모의실험 결과(1850~2020년). (b) 10년 평균 지구 표면온도 변화 추정치(1~2000년)와 관측치(1850~2020년). (자료: IPCC 6차 보고서 제1실무그룹 평가보고서)

최근까지 지구 전체 온도는 1도 미만의 범위 내에서 오르락내리락했다. 한데, 산업화 이후인 지난 170년 사이에 육상선수가 장대높이뛰기로 신기록을 경신해버리듯 기존의 변동폭을 훌쩍 넘어서버린 것이다. (b) 그래프를 보면 인류가 지구에 무슨 일을 하고 있는지, 그리고 지구에 왜 탈이 날 수밖에 없는 상황인지를 직관적으로 설명할 수 있다. 수많은 뉴스와 정보의 홍수 속에서 (b) 그래프 같은 것을 적절한 상황에 제시하는 것이 이 시대의 기후 문해력을 높이는 데 중요하다.

또한 누가 어떻게 말해주느냐도 효과적인 정보 전달에서

• 홀로세는 빙하기에 비해 기후가 안정적인 시대를 구분하기 위해 고안된 용어다.

고려할 사항이다. 당시 프로그램이 선택한 방법은 신뢰성 있는 진행자의 친절한 설명이었다. 세계적인 환경 저널리스트 마크 라이너스의 자택에 찾아가 그가 직접 온도계 눈금을 가리키며 이 온도계에서 1도가 오르고 내리는 것이 본인 집에서는 별로 상관없지만 왜 지구 차원에서는 중요한지 설명했다.

그가 나의 출연 제안을 흔쾌히 수락한 배경에는 비슷한 문제의식이 있었다. 2007년, 마크 라이너스는 뛰어난 과학자들의 연구가 외면당하는 것에 안타까움을 느껴 『6도의 멸종』* 을 집필했다. 기후 자료가 많은 영국 옥스퍼드 대학교 레드클리프 과학도서관에 출퇴근하며 쓴 책이 출간 즉시 베스트셀러에 오를 수 있었던 것도 지구의 평균 기온이 1도씩 오를 때마다 세계 각지에서 벌어질 상황을 영화처럼 그려냈기 때문이다. 대중의 시각에서 과학적인 내용을 다룰 줄 아는 그는 1도의 중요성을 설명하기에 최적의 출연자였다.

이처럼 과학적인 정보를 다루는 미디어가 나와 같은 과학 비전공자도 쉽게 이해할 수 있게 기후 과학의 정보를 풀어준다면, 사회 차원에서 기후 문해력 문제가 나아질 수 있을 것이다.

* 마크 라이너스 지음, 이한중 옮김, 『6도의 멸종』, 세종서적, 2014년.

° 미디어의 이해

그러나 나는 매일매일 보도하는 기자가 아니다. 가뭄에 콩 나듯 결과물을 내는 장기 프로젝트를 주로 진행하다 보니 영향력이 작다. 사회적 변화, 아니 사회적 관심이라도 받기 위해서는 매일 보도를 하는 기자들의 역할이 중요하다. 미디어오늘의 정철운 기자는 미디어를 전문적으로 다루는, 기자들의 기자다.

"10년 전에 비해서는 보도량이 많이 늘어나긴 했어요. 하지만 보도의 질이 떨어져요. 위기의 본질을 지적하기보다는 '30년 뒤에 망한다' 같은 식의 자극적인 기사로 클릭을 유도하거나 기후 위기를 원전, 재생에너지와 관련해 정치적으로 소모하는 보도들이 많이 나오고 있다고 봅니다."

그의 말을 들으니 한 경제 전문지에서 "기후 변화로 30년 뒤 대부분의 인류 문명 파멸"이라고 제목을 붙인 기사가 떠올랐다. 기사 본문에는 호주 연구진이 '기후 위기와 관련된 잠재적 안보 위협 보고서'를 발간해 심각해진 기후 문제에 대응하기 위해서는 전시 수준의 대응이 필요하다고 말했다고 정리돼 있다. 본문을 쭉 읽으면 분량이 짧긴 하지만 어떤 내용인지는 파악이 되는데, 제목을 자극적으로 뽑아서 내용 보다는 제목만 기억에 남았다. 많은 사람들이 제목만 소비하는 경향도 크다 보니 기후 문제에 대해 자극적인 제목이 난무하고 사람들의 공포심만 부추겨 오히려 역효과를 낸다.

"더 큰 문제는 언론사 뉴스룸의 기후 위기에 대한 철학이 부재하다는 거죠. 한 언론사는 몇 년 전이긴 하지만, 전력 사용 중독을 비판하는 기획 기사를 냈다가 며칠 후 '전기 요금 폭탄이 온다'라는 내용의 기사를 냈어요."

전력 사용에 중독된 원인과 해결책에는 OECD 평균과 비교했을 때 상대적으로 저렴한 전기 가격이 관련되어 있을 텐데 앞뒤가 맞지 않는 기사가 나간 것이다.* 물론 기후 위기가 심각해지자 전담팀을 꾸린 국내 언론사도 있다. 한겨레 신문사와 KBS가 대표적인데, 규모가 크진 않다. 세계일보 등 전문팀을 두지 않고 기자 개인의 전문성으로 꾸준히 보도하는 곳도 있다.** 하지만 미국의 〈뉴욕 타임스〉는 전문 취재팀만 15

* 우리나라의 가정용 전기요금 가격은 2020년 10월 기준 OECD 36개국 중 35위로 낮다.

** 정철운 기자를 인터뷰했던 2022년 8월이 기준이며, 2023년에는 한국 언론의 기후 관련 보도가 전년보다 늘었다.

출입처에서 얻은 정보로 매일 매일
지면과 방송 뉴스 시간을 채워나가는 것이
한국 언론의 관행이지만,
지구적 문제를 담당하는 한 부서나 기관은
세계 어느 곳에도 존재하지 않는다.

명이고 프랑스 〈르몽드〉는 기후와 에너지 담당 인력이 22명이라는 이야기를 들으면 부러움과 아쉬움이 든다.

"출입처가 없어서 그래요." 출입처 시스템은 대한민국과 일본만의 시스템이다. 미국, 유럽에서도 백악관이나 검찰 출입 기자가 있긴 하지만 우리나라처럼 소스 대부분을 의존하는 출입처 시스템은 아니라고 한다. 기자들이 출퇴근하다시피 하는 출입처에서 얻은 정보로 매일매일 지면과 방송 뉴스 시간을 채워나가는 것이 한국 언론의 관행이지만, 지구적 문제를 담당하는 한 부서나 기관은 세계 어느 곳에도 존재하지 않는다. 대한민국의 정부 부처만 해도 환경부, 산업통상부 등 기후 위기와 관련된 부처가 나눠져 있다.

"왜 한국 언론은 지구적 문제를 충분히 다루지 않을까?"에 대한 답은 허무할 정도로 간단했다. 기획 기사나 탐사 기사가 많아지면 출입처 시스템 문제를 해결할 수 있는데 기획이 부족한 상태다. 또 언론 환경이 바뀌고 있다 보니 온라인의 페이지뷰 성과도 무시할 수 없다. 언론사의 수익이 클릭 수에 따른 트래픽에 좌지우지되기 때문에, 기후 위기를 공부하고 전문가를 발굴해 인터뷰하는 것보다는 정치인, 연예인, 운동선수 등 유명인의 발언이나 SNS 포스팅을 기사화하는 것이 손쉽고 결과물이 보장된다. 설령 기후 문제를 다루더라도 조회 수를 의식하면 말초적인 신경을 자극하는 '30년 후 멸망' 류의 문구가 제목에 심어질 수밖에 없다.

그래도 지구적 문제에 대해 진지하고 꾸준하게 접근하는 기자들이 있다. 몇몇 기자들은 저널리즘의 기본 자세에 충실하게 기사를 발굴하고 성실히 보도를 이어나가고 있고, 소수지만 회사 차원에서 대응하는 언론사도 늘고 있다. 나 또한 언론인의 한 사람으로서 그 움직임을 적극적으로 응원한다. 다만 조바심이 나는 이유는 그런 움직임을 느긋하게 기다리기에는 시간이 부족하기 때문이다.

에너지 전환에 무관심한 사회

기후 위기에 대한 인식은 한국 사회만 이런 걸까? 해외 출장을 많이 다닌 덕분에 그렇지 않은 현장을 직접 볼 기회가 있었다. 2019년 3월 15일, 영국 레스터 시내에는 100여 명의 학생들이 집회를 하고 있었다. 스웨덴의 그레타 툰베리가 어른들의 기후 위기 대응을 촉구하며 2018년 8월부터 매주 금요일 학교 등교를 거부하고 1인 시위를 한 것이 발전해 서울, 로스엔젤레스, 스톡홀름 등 세계 곳곳에서 기후 위기 대응 집회가 열리는 날이었기 때문이다. 잉글랜드의 고도 레스터는 대도시 런던처럼 사람이 많이 모이진 않았지만 직접 그린 팻말을 들고 나온 참가자들의 기운을 확실히 느낄 수 있었다.

2년 반이 지나 기후 위기에 대한 세계적 움직임은 더 커졌다. 2021년 9월, 이번에는 독일 베를린에서 기후 파업을 목격

했다. 행사 며칠 전부터 베를린 곳곳에는 'Klima Streik'라고 쓴 기후 파업 포스터가 붙어 있어 기대감을 갖게 했다. 행사 당일인 9월 24일에 숙소를 나서는데 이미 사람들이 행사장으로 향하는 게 눈에 띄었다. 아버지가 어린 딸과 아들에게 자전거 헬멧을 씌우고 팻말과 도시락을 챙겨 집 밖으로 나서는 모습이 왠지 낯설었다.

이날 집회는 독일 국회의사당 앞에서 열렸다. 교통 통제로 대중교통을 이용해 가야 했는데 베를린 중앙역에 내려서 15분 정도 걸어야 했다. 한데 이미 역 앞은 인파가 빽빽이 들어차 있었다. 역사에서 국회의사당 건물까지 1.2킬로미터 구간에 참가자들의 행렬이 죽 늘어서 있었다. 주최 측 추산으로 10만 명이 참가했다는데, 그 규모가 체감되는 순간이었다. 독일 총선을 이틀 앞두고 열린 집회여서 행사 열기는 더 뜨거웠다. 18세의 기후운동가 그레타 툰베리도 독일인들의 기후 위기 대응을 지지하기 위해 스웨덴에서 기차를 타고 와 이날 연단에 섰다.

"우리는 아직 판을 뒤집을 수 있습니다. 우리의 리더들에게 실질적인 기후 대책을 계속 요구해야만 합니다. 이제 뒤로 갈 수 없습니다."

마치 락스타의 콘서트처럼 시민들은 그녀의 연설에 열광했다. 베를린뿐만 아니라 일본, 이탈리아, 인도, 영국 등 세계 기후 파업은 동시다발적으로 열렸다. 한국에서도 서울과 전국 곳곳에서 1인 시위 등 여러 활동이 진행됐다. 코로나19 탓에 행사가 축소되어 열리는 바람에 독일처럼 거대한 힘을 과시하진 못했다.

이틀 뒤 열린 20대 독일 총선은 기후 위기 대응이 중요한 선거 의제임을 다시 한번 확인시켜줬다. 환경 보호를 최우선으로 하는 녹색당이 역대 최고의 득표율을 기록하며 118석의 의석을 차지하여 사민당, 자민당과 함께 연립정부를 구성했다. 새 정부는 2030년까지 전력의 재생에너지 비중을 80퍼센트로 확대하고 2038년이 목표였던 탈석탄을 2030년으로 앞당기는 등 기존 정부보다 더 야심 찬 정책 목표를 설정했다. 비록 우크라이나-러시아 전쟁이 발발해 에너지 위기가 심화하기는 했지만 독일은 합의된 방향을 향해 한발 한발 나아가고 있다.

독일 민간 에너지정책 싱크탱크인 아고라 에네르기벤데 Agora Energiewende의 연구원 130여 명 중 한 명인 염광희 박사는 2008년에 유학을 떠난 뒤부터 가족들과 독일에서 살고 있다.

“4인 가족이 제법 아끼며 살고 있는데 한 달에 200킬로와트시(kWh)가 안 되게 전기를 써요. 120유로, 원화로 치면 16~17만 원 정도인데 그중 15~20퍼센트인 약 20유로 정도가 재생에너지 확대를 위한 일종의 지원금이에요.”

EEG Eneuerbare Energien Gesetz는 독일이 재생에너지 보급을 확대 지원할 수단으로 제정한 법으로, 재생에너지 발전에 대한 ‘발전차액 지원제도 FIT’를 통해 재생에너지로 발생시킨 전기의 가격이 기존 전력 거래 단가보다 비쌀 때 그 차액을 지원해준다. 2000년에 법을 제정할 당시에는 총 전력 소비의 6퍼센트를 차지하던 재생에너지를 2020년에는 45퍼센트로 확대하는 데 기여했다. 중요한 점은 이 제도가 전기료 상승으로 가정에 부담을 주는데도 불구하고 시행 초기부터 재생에너지 전환에 대한 사회적 합의가 이루어졌다는 점이다.

"저는 언론의 역할이 가장 크다고 생각해요. 독일 사람들은 공영방송 ARD의 저녁 8시 뉴스를 즐겨 보는데, 전체 분량은 15분입니다. 거기에 거의 매일 기후 관련 뉴스 꼭지가 하나씩은 나와요."

2019년의 호주 대화재 때 독일 저녁 8시 뉴스는 첫 꼭지나 두 번째 꼭지 헤드라인으로 호주 소식을 다뤘다. 국내 정치 뉴스가 맨 앞에 나오고 해외 뉴스는 뒤에 배치되는 한국의 저녁 프라임 타임 뉴스를 생각하면 비교가 된다. 독일 방송사는 해외 뉴스임에도 기후 관련 소식이 가장 중요하다고 판단하여 앞부분에 배치한 것이다. 그 순서와 비중으로 염광희 박사를 포함한 독일 시청자들은 사건의 무게감을 느낀다. 미국 캘리포니아주 산불이나 유럽 타 국가의 폭염, 다른 대륙의 폭설, 농산물 수확량 감소 등도 마찬가지로 프로그램의 앞부분에 배치함으로써 뉴스의 가치를 반영했다.

그의 이야기를 듣다보니 솔직히 부러웠다. 내가 이 책을 써야겠다고 결심한 것은 아마존과 호주 대화재가 발생했을 때 국내 뉴스에서 이 소식이 철저히 외면당하고 SNS 커뮤티니 공론장에서 담론화가 되지 않는 것을 봤기 때문이다. 특히 우리나라 뉴스에서는 기후 관련 뉴스를 보통 스포츠 뉴스나 날씨 예보 직전에나 볼 수 있었다. 한국과 독일을 오가는 에너지 전문가가 진단하는 두 나라 간 지구적 문제에 대한 인식 차이의 원인이 언론일 줄은 몰랐다.

"물론 그것만 있는 것은 아니죠. 독일 청년들이 헌법 소원을 낸 것도 컸어요." 독일 젊은이들은 2019년 12월에 제정된 독일 기후 보호법이 2030년까지의 단기 목표만 설정한 것이 불충분하다며 헌법 소원을 제기했다. 독일 헌법재판소는 2021년 4월, "미래를 살아갈 세대들의 자유를 침해한다"라며 위헌 판결을 내렸다. 여기에 물난리가 더해졌다. 2021년 7월, 독일 서부에 최악의 홍수가 발생해서 100명 넘게 숨졌다.

염광희 박사가 사는 베를린의 공기도 바뀌었다. 종전에는 폭염이 발생하면 그냥 이상기후 정도로 생각하는 사람들이 꽤 많았는데, 이 몇 달 동안의 사건들이 그들을 바꾸기 시작했다. 봄에 선고된 위헌 판결과 여름 폭우가 지나가고 가을에 예정된 기후 파업 집회일이 다가오자 관심은 참여율이 얼마나 높을지에 쏠렸다. 베를린에서만 10만 명 넘는 사람이 몰릴 것으로 예견될 정도였다.

사실 내가 독일에 간 목적은 기후 파업 참여가 아니라 수해 취재였다. 독일 서부 아비일러 지역의 폭우로 인한 홍수 피해 현장을 찾고, 포츠담 기후영향연구소 등에서 기후 위기의 영향을 인터뷰하기 위해서였다. 한데 우연히 그 사건들이

독일 젊은이들은 2019년 12월에 제정된
독일 기후 보호법이 2030년까지의 단기 목표만
설정한 것이 불충분하다며 헌법 소원을 제기했다.
독일 헌법재판소는 2021년 4월,
“미래를 살아갈 세대들의 자유를 침해한다”라며
위헌 판결을 내렸다.

KOHLE
STOPPEN!

독일인들에게 미친 영향을 9월 어느 날 국회의사당 앞에서 눈으로 확인하게 된 셈이다.

물론 현재 독일도 큰 시험대에 올라 있다. 우크라이나 전쟁은 러시아의 가스 공급에 의존하던 독일 에너지 시장을 뒤흔들고 있다. 가스 소비를 줄여야 하며, 가스 요금 인상으로 동반 상승한 전기 요금에 따른 경제 위기를 풀어야 한다는 큰 과제가 생겼다. 치솟는 전기 요금으로 인한 가계 부담을 완화하기 위해 정부는 일반 소비자에게 부과하던 EEG 지원금을 예정보다 빨리 폐지하기로 했다. 가동을 멈추려던 석탄 발전소와 원전의 폐지 속도도 전쟁 상황을 보며 조율하는 과정을 거치기로 했다. '전쟁'이라는 예상치 못한 대변수 앞에서 독일의 앞날을 걱정하는 사람들도 많지만, 염광희 박사는 다르게 이야기한다.

"오히려 그런 부분에 있어선 한국 언론들이 논조를 잘못 잡은 것 같아요. 물론 가스 수입의 어려움으로 인한 난방 에너지 부족 및 전력 가격 인상은 큰 문제지만 이는 오히려 독일이 재생에너지로 더 빨리 전환하는 동력이 되고 있어요. 외부에 에너지를 의존해선 안 된다는 에너지 자립 개념이 강해진 거죠."

에너지 전환에 대한 사회적 합의가 전혀 없다시피 한 우리나라라면 주변국 전쟁이 에너지 전환에 큰 혼란을 야기할 가능성이 큰데, 독일은 방향이 확실하다보니 혼란이 비교적 적은 듯하다. 분열과 정책 번복보다는 고통을 함께 감내하면서 정해진 길로 발걸음을 재촉하고 있다. 그 힘은 베를린 중앙역에서 국회의사당까지 늘어선 시민들의 행렬과, TV와 신문의 주요 뉴스에서 지구의 위기를 다루는 언론의 사명감에 기인한다.

세미나 등으로 자주 한국에 온다는 염광희 박사는 나의 추측에 동의하면서도 믿는 구석이 있다고 밝힌다.

"한국인은 집중력이 뛰어나잖아요. 스파크가 언제 점화하냐의 문제인데, 기후 보호나 에너지 전환에 불이 한번 당겨지면 빠른 속도로 실행될 것으로 예상합니다. 다만, 급작스러운 변화에는 문제가 생기기 마련이므로, 이러한 변화에 미리 준비했으면 하는 바람입니다."

∘ 텀블러 라이프

"왜 생태·환경의 길에 들어섰어요?" 내가 가장 많이 받는 질문이다. 어디서부터 이렇게 된 걸까? 바야흐로 2009년, 당시 대학 졸업반이던 나는 언론사 입사 준비를 하며 한껏 날이 서 있었다. 세계에서 네 번째로 큰 투자은행이던 리먼브러더스가 2008년에 파산하며 미국발 금융위기가 본격적으로 우리나라를 덮쳤다. 그 여파로 취업 시장은 얼어붙었고 방송국에선 PD 채용이 거의 없다시피 했다.

부동산에 대한 미국인들의 욕망이 만들어낸 서브프라임 모기지 사태가 왜 대한민국의 나를 괴롭히는가? 미국과 한국의 경제가 같이 움직이는 커플링(동조화) 효과가 내 미래를 결정할 수 있다는 현실이 참담했다. 졸업을 유예하고 국회와 NGO에서 인턴으로 일했다. 세상에 대한 경험치를 조금 더

쌓으며 취업 준비와 졸업 학기 수업을 병행했다. 몸은 고되고 마음은 불안한 20대 후반. 나를 말해주는 단어는 청년 인턴, 취업준비생 정도. 언론사 필기시험에 나올 법한 상식 공부 차원에서 뉴스를 더 열심히 봤다. 그렇게 신문과 방송에서 '코펜하겐 협정'을 자주 접했다.

코펜하겐 협정은 전 세계 온실가스 감축 방안을 담은 협약으로, 2009년 12월에 덴마크 코펜하겐에서 열린 제15차 유엔 기후변화협약 당사국총회(COP15)에서 합의한 내용이다. 이 협정은 세계적으로 주목을 받았는데, 이는 선진국의 온실가스 감축 의무를 규정한 교토의정서(COP3)의 효력이 2012년에 끝나기 때문이었다. 당시 언론은 코펜하겐에 모인 전 세계의 정상들이 대단한 결정을 내리지 못하면 지구의 미래가 불투명하다면서 총회 전부터 열띤 보도를 했다.

미국발 세계금융위기로 얼어붙은 취업 시장을 두드리던 나는 코펜하겐 협정이 잘 이뤄지길 빌었다. 이 세계가 희망찬 곳이라는 결과물이 나오길 바랐다. 취업에 대한 간절한 희망과 불안한 정서가 나를 더 코펜하겐에 꽂히게 했다. 총회가 열리고(무려 2주다) 매일매일 현지 상황이 보도되는 걸 보면서 관심은 커지고 기대감은 증폭됐다. '오, 제발 저기서 좋은 결과가 만들어지게 하소서!' 그 결과물을 위해 모인 세계 각국 정상과 UN 인사들은 스포트라이트를 받았고, 그들을 압박하기 위해 결집한 환경운동가와 그들을 보도하는 언론은 한마음으로 응원했다.

어느 순간 그 간절함은 나에게 투사됐다. 코펜하겐에서는 인류의 미래를 지키겠다고 저 주인공과 조연들이 모여 중요한 일을 활발하게 진행 중인데 나의 일상은 단조롭고 무기력했다. 그래서였을까. 매일 쓰는 일회용 종이컵도 거슬리기 시작했다. 대체 몇 개를 쓰는 거야? 세보니 제법 많았다. 학교 수업 중간 쉬는 시간마다 하나씩 사용하고 도서관에 가서 믹스커피를 뽑아먹는 식으로 하다 보니 하루 대여섯 개는 족히 됐다.

지구를 구하는 대단한 일을 하진 못하더라도 이 정도는 바꿀 수 있지 않을까? 습관 중 하나를 바꾸는 노력은 신문 속 코펜하겐과 대한민국의 내 일상을 연결하는 시간이 됐다. 일회용 컵 대신 텀블러나 머그컵을 쓰는 사소한 변화. 그런데 그것도 쉽지 않았다. 매일 텀블러를 챙겨 들고 다니려니 꼼꼼해야 하고, 무겁기도 하고, 한번 마시면 곧 씻어야 해서 번거롭고, 생각보다 귀찮았다.

텀블러를 잘 쓰는 사람들은 대체 이 귀찮음을 어떻게 이겨내는 걸까? 호기심이 생겼다. 카메라를 들고 다회용 컵 사용자들을 인터뷰했다. 그렇게 〈텀블러 라이프〉라는 25분짜리 짧은 다큐멘터리를 만들어 서울환경영화제에서 상영했다. 번듯한 영화관에서 내가 하고 싶은 이야기가 영상으로 흘러나오고, 상영관에 불이 켜지면 다른 사람들과 그 주제로 대화를 나누는 근사한 경험이었다. 환경 콘텐츠의 연결감과 효능을 체험한 순간이기도 했다.

전공을 살려 PD가 되고 싶었던 나는 이 경험을 살려 환경 PD가 되기로 했다. 당시 방송국에서 제작하는 정규 환경 프로그램은 단 두 개, EBS의 〈하나뿐인 지구〉와 KBS의 〈환경스페셜〉뿐이었다. 그 두 개 중 하나를 제작하고 싶다는 마음은 EBS 입사로 이어졌고, 〈하나뿐인 지구〉 조연출과 연출을 거치며 전문성도 조금씩 쌓아갔다. 이 모든 일의 시작점이 된 코펜하겐은 그래서 남다르게 느껴진다.

코펜하겐에서 벌어진 일

"아, 그때 추워서 얼어 죽는 줄 알았어요. 기자회견 주 행사장에서 줄 서서 그냥 하루종일 기다렸네요. 사람도 많고 보안은 세고 진행도 원활하지 않아서 첫날은 그냥 길바닥에서 오후 다섯 시 반까지 떨다가 저녁 즈음 겨우 들어갔어요."

코펜하겐을 남다르게 느낀 언론인. 당시 코펜하겐을 다녀온 중앙일보 강찬수 기자는 1994년에 입사한 이후 환경 전문기자로 30여 년 한길을 걸어온 사람이다. 그가 직접 현장 취재한 COP만 해도 교토, 뉴델리 등 대여섯 번. 그 자신이 미생물학을 공부한 박사이기 때문에 과학적 시각에서 한국 사회에 환경 의제를 만드는 데 일조한 것에 큰 보람을 느낄 것이라 생각했다. 그와의 대담은 선배 언론인을 만나 우리 사회의 단면을 마주하는 시간이었다.

회의장 밖에서 대기 중인 기자와 참가자들. (사진: 강찬수)

"중앙일보에서만 코펜하겐에 네 명이 갔어요. '호펜하겐'(희망Hope과 코펜하겐Copenhagen 두 단어를 합쳤다)이라 불릴 정도로 기대감이 큰, 세계적으로 주목받는 행사였으니까요."

그가 보여주는 현장 사진에는 당시 캘리포니아 주지사였던 아놀드 슈워제너거, 브라질의 룰라 대통령 등 명사가 보인다. 물론 우리나라의 이명박 전 대통령과 환경운동연합 등 활동가들도 참여했다. 중앙일보만 해도 평소보다 많은 네 명이 취재를 갔을 정도로 열기는 뜨거웠다. 왜 그렇게 뜨거웠을까?

"2007년 발리(COP13)부터 시작해서 2년 동안 준비한 회의였어요. 게다가 의미가 컸던 게 교토의정서 때는 선진국만 와서 감축 의무를 정했는데 코펜하겐 때는 개발도상국도 다 와서 규모가 확 커졌죠. 이제부터 다 같이 계속 감축하는 걸로 2007년부터 준비해서 2009년 코펜하겐에서 땅땅땅 협약을 맺기로 약속이 돼 있었으니 그럴 만했죠."

탄소배출을 줄이고 지구 온난화와 기후 위기를 막아 인류에 희망을! 코펜하겐은 그렇게 희망의 땅 '호펜하겐'으로 세계의 주목을 받았다. 하지만 정작 각국 정상들이 모이자 국가별 이해관계가 노골적으로 협상장에 등장했다. 미국과 중국의 반대로 당초 목표한 협약은 무산됐고, 반대를 뜻하는 노펜하겐NOpenhagen의 오명을 뒤집어썼다.

"그때 됐어야 했는데…. 될 것처럼 흘러가다 막판에 안 되는 바람에 현장에 있던 모든 사람이 다 실망했어요. 결국 2015년에서야 그때 하기로 한 게 파리에서 체결됐죠"

2009년에서 2015년으로. 이 긴급한 시대에 6년의 시간이 그렇게 허비됐다. 그때 6년을 아꼈다면 지금의 기후 위기가 조금은 덜하지 않았을까? 그때 어른들이 뭔가를 보여줬다면 2018년에 스웨덴의 15세 소녀 그레타 툰베리가 어른들을 비난하면서 등교 파업에 나서지 않았을 수도, 지금 우리가 기억하는 기후 행동가가 되지 않았을 수도 있다.

진통 끝에 체결된 코펜하겐 협정은 부분적 성과를 내긴 했다. 기온 상승을 산업화 이전에 비해 2도를 넘지 않게 억제하기로 했다. 하지만 법적 구속력이 없어 전 세계에 실망감을 안겼다. '해야 한다'가 아니라 '노력한다'의 차이라고나 할까. 가장 놀라운 점은 그때 부분적으로나마 합의한 것마저도 잘 지켜지지 않고 있다는 것이다. 선진국은 2020년까지 매년 1000억 달러의 장기 재원(코펜하겐 그린 플래닛 펀드)을 조성해 개도국의 기후 변화 대응 사업을 지원할 것을 약속했다.

코펜하겐 회의에 참석한 아놀드 슈워제네거 전 캘리포니아 주지사. (사진: 강찬수)

하지만 이행률은 민망한 수준이다. 2016년 585억, 2017년 711억, 2018년 783억, 2019년 796억 달러 등 1년도 제대로 지켜진 적이 없다. 구속력이 없다는 것은 약속을 지키지 않아도 제지하기 어렵다는 뜻이다. 아무리 그래도 국제적인 약속을 대놓고 어긴다는 점은 납득하기 어려운 부분이다.

"국제사회라는 게 그렇죠 뭐…." 코펜하겐에서 덜덜 떨던 기자의 대답은 차가웠다. '소문난 잔치에 먹을 게 없다'는 표현도 아까울 만큼 소문나게 망한 잔치에서 눈을 떼 다시 대한민국으로 시선을 돌려본다. 그나마 그때는 소문이라도 났다. 잔치라는 이벤트가 있었기 때문이다.

30년

30년이라는 시간은 우리 사회를 객관적으로 보게 해준다. 1991년부터 2019년까지 보도된 6개 중앙 일간지의 기사를 분석한 강찬수 기자에 따르면 1991년에는 기후 변화 관련 기사가 11건에 불과했다. 이후 조금씩 늘어 2019년에는 2000건 정도였는데 중간에 이를 훌쩍 뛰어넘은 해가 있었다. 바로 코펜하겐에서 COP15가 열리던 2009년으로, 무려 2611건이 보도됐다. 이후 다시 떨어지던 기사 건수는 2015년에 파리에서 COP21이 열릴 때 잠깐 2399건으로 올랐다가 떨어졌다. 방송으로 치면 트로트 경연 프로그램이나 5분에 한 명꼴로 죽는 식의 드라마가 평균 시청률을 올려주듯이 지구 문제도 국제적인 이벤트가 열릴 때 반짝 주목을 받는다.

다행히 2020년부터는 〈타임〉 선정 '올해의 인물'(2019년)

인 그레타 툰베리가 쏘아 올린 기후 위기 저항 운동과 코로나19로 인한 팬데믹, 대한민국 정부의 탄소 중립 계획 발표 등으로 보도 건수가 증가하고 있다. 2021년에는 5484건이 됐는데, 이때도 코로나19로 인해 예년에 열리지 못했던 제26차 총회(COP26)가 영국 글래스고에서 2년 만에 개최된 것에 힘입었다.

기후 관련 소식은 국제회의라는 이벤트나 사상 초유의 재난이 발생하는 정도는 되어야 뉴스로서의 가치를 부여받았다. 1994년부터 30여 년 동안 언론계에 종사한 기자는 목격자로서 말을 꺼낸다. "뉴스 가치가 떨어진다고 생각하니까 기사가 안 될 때가 많았어요. 데스크를 이해시켜야 지면에 실리는데, 이해시키지 못한 적이 있죠."

1995년은 미세먼지라는 말이 등장하던 시기였다. PM10이란 용어가 쓰이기 시작했다. PM10은 입자의 크기가 지름 10마이크로미터 이하인 대기오염 물질을 뜻한다. 그전에는 TSP란 말만 써서 모두에게 PM10은 생소한 기준이었다. TSP는 Total Suspended Particles의 약어로 대기 중에 부유하는 '총먼지'를 뜻한다. 보통 입자의 크기가 50마이크로미터 이하인 먼지를 통칭한다.

낯선 용어에 정책을 담당하는 정부 관계자들도 헷갈렸는지 PM10과 관련해 측정 기준을 바꾸다 실수하는 일이 발생했다. 발표된 수치를 보니 측정소에서 미세먼지 PM10을 측정한 값이 총먼지 값인 TSP 수치보다 높게 잡혔다. 배보다 배

꼽이 더 큰 상황. 강찬수 기자는 이 사태를 비판하는 기사를 쓰려고 했지만 사내의 벽에 부딪혔다. 뉴스팀을 총괄하는 데스크가 이해를 못하는 바람에 기사화하지 못했다. 초등학교 1학년 학생이 전교생보다 많은 상황이라고까지 설명했지만 이해하지 못하는 눈치였다. 강 기자는 지금 생각해보면 데스크가 이해할 생각이 없었던 것 같다며 쓴웃음을 지었다.

28년 전의 시대 분위기를 상상해본다. 지금이야 웃어넘길 수 있지만 당시에는 '공기가 나쁘다', '매연이 심하다' 정도의 표현으로도 충분하던 시기라 신조어 '미세먼지'의 입자 크기를 들이대며 미세먼지 측정값이 총먼지 값보다 높은 것을 비판하는 기사가 뉴스거리로 인정받기는 쉽지 않았을 것이다. 데스크는 기존에 알고 있던 뉴스 가치로 판단했을 테니까. 지금도 기후 위기 관련한 뉴스는 열심히 써도 클릭 수가 잘 나오지 않는다고 한다. 독자들의 수요가 받쳐주지 않으니 예나 지금이나 기자들도 나름의 고충이 있다.

"부동산, 세금, 특히 연금 관련 기사는 압도적이죠. 뉴스의 가치라는 게 가까운 시간, 가까운 장소여야 관심이 확 가는데 기후 등 지구의 문제는 시간과 장소가 멀어지면서 뉴스 가치가 확 떨어지는 경향이 컸죠. 요즘은 나아졌지만요."

독자들의 저조한 수요를 극복하기 위해 애쓰는 기자들이 있다. 사람들의 관심을 끌 만한 아이템을 발굴하기 위해 공부하고 아이디어를 내서 싱싱한 재료로 잘 팔리는 기사를 쓰려는 움직임이 꽤 보인다.

지금도 기후 위기 관련한 뉴스는 열심히 써도
클릭 수가 잘 나오지 않는다고 한다.
독자들의 수요가 받쳐주지 않으니
예나 지금이나 기자들도 나름의 고충이 있다.

강찬수 기자에게 '미세먼지' 개념이 겪은 지난 30여 년간의 변화는 무척 흥미롭다. 처음 PM10 등 미세먼지라는 말이 등장했을 때는 기사를 쓰기조차 힘들었는데 지금은 많은 게 달라졌다고 한다.

"90년대에 버스 전용차선을 단속하는 아저씨들이 있었어요. 그분들이 근무할 때 입은 와이셔츠가 새까매져서 집에 가서 빨아도 때가 잘 안 빠질 정도였대요. 온종일 기름에 담가 놔야 할 정도로 심했대요. 그랬으니 그때는 길가 카페에서 차를 마시는 건 생각도 못 했죠. 미세먼지라는 말이 등장하고 PM10보다 작은 PM2.5 초미세먼지까지 2015년부터 측정하기 시작하자 국민들의 인식도 달라졌어요. 처음 PM2.5라는 용어가 등장했을 때는 초미세먼지라는 말도 없어서 저는 '극

미세먼지'라고 기사에 썼었는데 말이죠."

2000년대 초에 환경부가 서울시 공기를 제주도만큼 맑게 하겠다고 했었다. 20년이 지나 정말 서울시 공기가 제주시 공기와 비슷한 수준이 됐다. 서울시 공기가 드라마틱하게 좋아진 것이다. 기후 위기 대응은 더디기만 한데 미세먼지 대응은 어떻게 가능했을까?

"미세먼지는 일단 뿌옇게 눈에 보이죠. 그리고 그 피해가 우리에게 호흡기 질환처럼 직접적으로 오잖아요. 기후 위기는 우리에게 오기도 하지만 피해가 지구 전체로 흩어지는 거고 눈에 안 보이니 다르죠. 그리고 미세먼지는 저감이 상대적으로 쉬워요. 기술적으로 자동차 배기가스를 규제하고 공장 굴뚝을 관리하면 국가적으로 큰 틀에서 바뀌지 않아도 미세먼지를 걸러낼 수 있다고 봐요."

불행하게도 기후 위기는 차원이 다른 문제다. 저감장치를 다는 정도가 아니라 산업 구조 자체가 바뀌어야 한다. 그러기 위해서는 대한민국 국민들의 생각이 바뀌고 사회적 합의가 이뤄져야 한다. 난제 중의 난제다. 한마디로, 포기해야 할 게 많다. 그런데도 우리의 관심사는 부동산과 정치권 뉴스에 쏠려 있다. 관심사가 멀어지기 때문에 언론사가 판단하는 뉴스 가치가 떨어져 기사량이 부족한 상황. 그럴수록 우리의 관심은 또 지구적 문제에서 멀어지는 양의 되먹임 구조다. 누군가 각성해야 끊을 수 있는 악순환의 고리. 프랑스 언론계에는 최근 그런 움직임이 일고 있다고 한다.

∘ 지구 위기에 대응하기 위한 저널리즘

"현재 1400명 이상이 동참했네요. 처음에는 500여 명이었는데 말이죠." 휴대전화로 프랑스 언론인들의 참여 현황을 실시간으로 확인하며 진민정 박사가 말을 건넨다. 그녀는 파리2대학에서 언론학 박사 학위를 받고 현재는 언론진흥재단에서 책임연구위원으로 재직 중인 프랑스통이다.

프랑스는 2022년 여름 극심한 폭염에 시달렸다. 파리의 낮 최고기온이 40도를 넘는 등 기상 관측이 실시된 1900년 이후 122년의 기간 동안 두 번째로 더운 여름이었다. 남서부 지롱드주는 파리 면적 2배에 육박하는 200제곱킬로미터 이상이 산불로 소실될 정도였다. 그런데 한 언론이 사고를 쳤다. 6월에 보도한 폭염 기사에서 한 남성이 상의를 벗은 채로 햇빛을 즐기는 사진을 사용했다. 이 사진이 SNS에서 화제가 되면서 논란이 되었다.

이를 계기로 프랑스 기자 사회에서 각성의 움직임이 일었다. 다시 반복되어서는 안 될 보도 참사에 대한 반성으로 '생태 비상에 대응하기 위한 저널리즘 헌장Charte pour un journalisme à la hauteur de l'urgence écologique'이 탄생했다. 전문가 그룹과 시민단체, 환경 전문 언론매체들이 함께 참여해 수개월간 논의를 거친 후 2022년 9월 14일에 공표됐다. 여기에 서명한 언론인의 수는 매일 늘고 있는데, 내가 진민정 박사를 만난 날까지 2주 동안 1400명이 넘었고, 언론사도 처음의 50여 개에서 100여 개로 두 배 증가했다.

"이 헌장에서 주목할 부분은 4번 조항이에요. 기후 위기를 개인 차원에서 대응하는 것에만 언급하면 안 된다고 쓰여있죠. 개인의 문제가 아니라 시스템 차원에서 발생한 문제고 정치적 대응이 필요한 것이니까요."

사실 모든 조항이 뼈 때리는 말투성이라 찬찬히 읽어보고 곱씹어야 한다. 예를 들어 1항은 환경 및 기후 위기를 더 이상 환경의 틀에 가두어서는 안 되며, 언론의 모든 주제를 기후 위기의 프리즘으로 바라봐야 한다고 적었다. 2항에서는 과학적 데이터가 대체로 복잡하니 독자가 이해할 수 있게 쉽게 설명하라고 했으며, 3항은 기후 위기의 시급성을 전달하기 위해 정확한 어휘와 이미지를 사용할 것을 적시했다.

이것들만 잘 지켜도 기후 위기에 대한 지구인들의 의식이 달라질 것 같은 기대감이 든다. 그것이 바로 IPCC에 참여하

(사진: 로이터)

그런데 한 언론이 사고를 쳤다.
6월에 보도한 폭염 기사에서 한 남성이
상의를 벗은 채로 햇빛을 즐기는
사진을 사용했다.

는 과학자들도 중차대한 IPCC 보고서에서 언론 역할의 중요성을 강조하는 이유이기도 하다. 언론이 기후 위기에 대한 정보를 구성하고 대중에게 전달하기 때문이다. 프랑스 언론인들이 2022년에 이 멋진 선언을 할 수 있었던 배경에는 꾸준히 지구의 위기를 고민하며 언론사로서 바꿀 수 있는 것을 하나씩 시도한 과정이 있다.

"프랑스 언론은 '기후 변화' 대신 '기후 고장' 혹은 '기후 비상'이라는 표현을 써요. 대표적인 신문사 르몽드는 지구 위기를 다루는 전담팀을 환경팀이라고 부르지 않고 '플래닛팀'이라고 명명했죠. 기후뿐 아니라 생태 위기 등 지구의 전방위적 문제를 다루겠다는 의지가 보입니다."

진민정 박사는 프랑스 언론과 인터뷰를 할 때마다 그들의 목표를 느낀다. 단순히 대중에게 보도하는 것에 그치는 것이 아니라, 대중의 이해를 높여 사회적 변화를 이끌어내겠다는 큰 목표. 과학자들의 경고가 사회적으로 무시당하고 있는데, 언론을 통해 사람들이 이 어려운 문제를 조금씩 알아가면 정치와 경제를 움직이는 행위자들에게도 압력이 가해질 것이다. 이러한 태도는 앞서 이 책을 시작하면서 언급한 영화 〈돈룩 업〉에서 풍자한 언론의 그것과는 다르다. 영화는 혜성이 지구와 충돌 직전이어도 미디어가 사건의 본질을 다루지 않고 가십에만 집중하는 모습을 그렸다. 진민정 박사가 마주한 현실 속 언론인들은 최악의 상황을 만들어서는 안 된다며 결연했다.

물론 진민정 박사가 모든 프랑스 언론인을 만난 것은 아니다. 하지만 '생태 비상에 대응하기 위한 저널리즘 헌장'에 참여한 언론사가 100개가 넘고, 거기에 최소 1400명의 언론인이 서명했다. 특히 르몽드 출신으로 아예 르포르테르Reporteree라는 환경 전문 일간지를 차린 에르베 캄프Herve Kempf는 다음과 같이 말한다.

"우리가 파괴를 멈추는 것이다. 온실가스 배출을 제한하고, 자연 파괴를 멈추고, 자연과 조화를 이루면서 인간이 평등하고 행복하게 살아가는 세상을 만드는 것. 그것이 우리의 최종 목표다."

지구 반대편 프랑스 미디어에 불고 있는 변화는 우리 언론도 그럴 수 있지 않을까 하는 희망을 품게 한다. 출입처 문화, 언론의 수익 창출 비즈니스 모델, 경영진과 데스크의 감수성 등 국내 언론계가 넘어야 할 벽은 많고 높지만, 몇몇 언론사에서 기후 문제를 다루는 팀이 꾸려지고 보도량 자체도 증가세에 있는 만큼 기대를 걸어볼 만하다.

한국에 십여 년 전 등장했던 '기레기'라는 혐오 표현은 언론에 대한 사회적 불신을 적나라하게 드러낸다. 지구의 위기라는 초유의 비상 상황에서 만약 언론이 제 역할을 다하려는 모습을 보인다면 시민과 언론의 관계가 회복되는 계기가 될 수 있다. 프랑스의 폭염 관련 보도 참사가 '생태 비상에 대응하기 위한 저널리즘 헌장'의 도화선이 된 역설이 우리 언론계에 좋은 교훈이 되기를 바란다.

생태 비상에 대응하기 위한 저널리즘 헌장

1. 횡단적인 방식으로 기후, 생명체 및 사회 정의를 다룬다.

이 주제들은 서로 촘촘하게 연결되어 있다. 환경 및 기후 위기를 더 이상 환경의 틀에 가두어서는 안 된다. 언론의 모든 주제를 기후 위기의 프리즘으로 바라봐야 한다.

2. 교육적인 작업을 수행한다.

생태학적 문제와 관련된 과학적 데이터는 대체로 복잡하다. 이를 독자가 이해할 수 있도록 규모와 시간, 순서를 설명하고, 원인과 결과를 식별하고, 비교 요소를 제공하는 것이 필요하다.

3. 사용된 어휘와 이미지를 확인한다.

기후 위기의 시급성을 전달하기 위해서는 사실을 정확하게 설명하고 올바른 단어를 선택하는 것이 중요하다. 상황의 심각성을 왜곡하거나 최소화하는 엉터리 이미지와 손쉬운 표현은 피한다.

4. 문제를 다루는 범위를 확장한다.

기후 위기는 주로 시스템 차원에서 발생하고 정치적 대응을 필요로 한다. 그러므로 개인 차원의 대응에 대해서만 언급하면 안 된다.

5. 현재 기후 및 생태 위기의 원인을 조사한다.

생태 위기에 있어 성장 모델과 그 행위자들(경제, 금융, 정치 행위자들)의 결정적인 역할에 문제를 제기해야 한다. 단기적인 고려는 인류와 자연의 이익에 반할 수 있음을 명심한다.

6. 투명성을 보장한다.

언론에 대한 불신과 사실을 상대화하는 허위 정보의 확산이 심각하다. 언론은 이에 대응하기 위해 정보와 전문가를 주의 깊게 인용하고, 출처를 명확히 밝히고, 잠재적인 이해 상충을 밝혀야 한다.

7. 대중이 기후 변화를 의심하도록 유도하는 전략들을 밝힌다.

몇몇 경제적 혹은 정치적 이해 관계자는 기후 위기 관련 주제에 대한 이해를 오도하고, 위기에 맞서는 데 필요한 조치를 지연시키기 위한 주장을 적극적으로 만들고 있다.

8. 위기에 대한 대응과 관련된 정보를 제공한다.

적용 규모와 상관없이 기후 및 생태 문제에 대처하는 방안을 엄밀하게 조사한다. 또한 이미 제시된 해법에 대해서도 질문한다.

9. 지속적으로 관련 분야의 교육을 받는다.

진행 중인 기후 위기와 그것이 우리 사회에 의미하는 바에 대한 지구적 시각을 가지려면 저널리스트가 경력 전반에 걸쳐 관련 분야에 대한 교육을 받을 수 있어야 한다. 이 권리는 뉴스 보도의 품질에 필수적이다.

10. 극심한 공해를 유발하는 활동과 관련된 자금 지원에 반대한다.

환경 및 기후 위기 보도의 일관성을 보장하기 위해 언론인은 유해하다고 간주되는 활동과 관련된 자금 지원, 광고 및 미디어 파트너십과 관련하여 반대 의사를 표명할 권리가 있다.

11. 뉴스룸의 독립성을 강화한다.

어떤 압력도 받지 않는 정보를 보장하기 위해 미디어 소유주로부터 편집 자율권을 보장받는 것이 중요하다.

12. 저탄소 저널리즘을 실천한다.

필요한 현장 조사를 중단하지 않으면서 저널리즘 활동의 생태 발자국을 줄이기 위해 행동한다. 뉴스룸이 사안과 관련된 지역의 언론인을 활용하도록 권장한다.

13. 협력을 육성한다.

언론이 연대적인 미디어 생태계를 구축하고, 지구에서 누리는 좋은 삶의 조건을 보존하기 위한 저널리즘 관행을 공동으로 보호한다.

인류세의 단어들

미국 샌프란시스코에는 인류세 사전을 만드는 '언어현실 사무국'이 있다. 설립자 알리시아 에스콧과 하이디 콴테는 미대를 나온 예술가들로 인류가 행성에 미친 영향을 고찰하기 위해 사무국을 차렸다. 인류세를 이해하기 위한 혁신적 수단으로서 새로운 언어를 창조하는 대중 참여 기획이다. 어려운 과학 용어가 아니라, 기후 위기를 겪으며 살아가는 불안정한 경험을 설명하는 신조어 어휘 사전이다. 이들이 떠올린 단어 중에는 '지루한재앙Ennuipocalypse'이 있는데, 이는 세상의 종말이 드라마틱하지 않고, 일상적이고 평범할지도 모른다는 뜻이다. 자녀와 손자를 갖고 싶지만 그들이 물려받을 세상에 대한 두려움도 섞여 있다는 의미로 '할머니의두려움NonnaPaura'이라는 단어도 만들었다.*

설립자 두 명 모두 2009년 코펜하겐에서 열린 COP15의 실패에 큰 충격에 빠졌다고 한다. 돌파구가 필요했다. 그들은 자신들이 느끼는 감정을 말할 용어가 부족하다는 것을 깨닫고 단어의 힘을 이용하기로 했다. 이제 많은 사람이 이 프로젝트에 참여해 기발한 아이디어를 내고 있다. 미국 캘리포니아주가 산불에 휩싸였을 때, 사무국은 올해 재난 기록이 또다시 사상 최고를 기록하는 기시감을 표현하기 위해 '깨어진기록의기록을깨는Brokenrecordrecordbreaking'이라는 새 단어를 만들었다.

이들의 홈페이지에 가면 한국어가 섞인 신조어도 있다. 바로 'Chuco헐sol'인데 직역하면 '더러운헐태양'이다. Chuco는 엘살바도르어로 '더럽다'를 뜻하는 속어, 헐은 황당할 때 쓰는 한국어 속어, Sol은 스페인어로 '태양'을 뜻하는데, 무려 3개국의 말이 섞인 글로벌 조합이다. 사무국이 정의하는 'Chuco헐sol'은 '공해로 인해 오염된 일몰을 보며 그것을 즐기지 못할 걸 알면서도 그 눈부신 밝은 오렌지 불꽃색에 결국 일몰을 즐기는 경험'이다.

이 인류세 사전만들기 프로젝트는 다양한 사람들의 흥미를 끌었다. 대학에서 윤리를 가르치는 크리스 포스터는 자신을 묘사할 단어를 정했다. '알고 있는 상태에서 의도적으

• 아야나 엘리자베스 존슨 외 지음, 김현우 외 옮김, 『우리가 구할 수 있는 모든 것』, 나름북스, 2022년.

로 모르는 상태로 돌아가는 것ignor-ance'이다 그는 자신이 지금 그런 상태이며, 많은 사람도 마찬가지라고 했다. "사람들은 이런 삶이 괜찮은 척, 대학 축구가 재미있는 척, 차를 운전하는 게 정상인 척 행동해. 허위로 살아가는 걸 정당화하려고 그런 척하는 거야."*

대한민국으로 다시 넘어와보자. 지금의 사회를 보여주는 단어는 무엇일까. 한국인의 심리를 드러내는 적확한 용어는 무엇일까. 그 외에도 지구의 위기 앞에서 각자가 생각하는 건 아주 다를 수도, 혹은 퍽 비슷할 수도 있다. 이 글을 읽는 당신 또한 이 놀이와도 같은 프로젝트에 직접 참여할 수 있다. 사무국 사이트에 접속해 용어/정의/용례/영감 정도를 적어 제출하면 된다.**

꼭 하나의 단어 형태가 아니더라도 뭔가가 머리에 떠올랐다면 당신은 지구의 위기에 대해 최소한 외면하는 사람은 아닐 것이다. 그리고 우리에겐 지금 그런 마음을 표현할 상상력이 더 많이 필요하다. 언어의 한계, 그리고 그 언어를 생산하고 유통하는 이들의 한계를 극복해야 하는 시대다. 인류세를 더 직관적으로 표현하고 이 위기의 긴급성을 드러낼 단어가 우리의 입에서 계속 오르내릴 수 있도록.

* 아야나 엘리자베스 존슨 외 지음, 앞의 책.
** https://bureauoflinguisticalreality.com/submit-a-new-word/

ESPERANZA
GREENPEA

3장

이슈화의 최전선

° 공해

지금까지 기후 위주로 이야기했지만, 지구의 위기는 비단 기후에만 국한되지 않는다. 인간의 활동이 이 행성을 바꾼 인류세의 대표적인 증거로 제시되는 것이 대멸종과 플라스틱이다. 야생 동식물의 멸종 속도가 자연 속도보다 100배에서 최대 1000배 정도 빨라졌고, 인간이 발명한 신소재인 플라스틱은 문명의 첨병이 되어 지구 전역을 뒤덮고 있다.

그 폐해는 예상치 못한 방식으로 우리에게 되돌아오고 있는데, 코로나19와 같은 신종 감염병의 출현이 그렇다. 인수공통감염병인 코로나19는 숲을 밀어내고 도시를 확장하다 인간과 야생의 거리가 좁혀지며 만들어진 비극이다. 넘쳐나는 플라스틱 쓰레기는 내륙에서는 쓰레기 산으로 솟고 있고 바다에는 '북태평양 거대 쓰레기 지대Great Pacific Garbage Patch'라고 불리는 플라스틱 쓰레기 섬이 떠다니고 있다.

종합하면 인류를 위협하는 것은 지구의 성난 기후뿐 아니라 생명 다양성 붕괴, 예상할 수 없는 팬데믹의 급습, 인체에 미치는 악영향이 제대로 규명되지 않은 플라스틱의 범람 등이다. 이 첩첩산중의 위기를 '기후 위기'라는 단어만으로 표현할 수는 없다. 그래서 이 책에서는 '지구의 위기'에 대해 논하는 중이다. 지금부터는 대멸종에 관한 이야기를 해보려고 한다.

〈여섯 번째 대멸종〉 프로그램을 제작하며 3년 동안 대멸종 문제를 집중 취재했다. 많은 이들이 '대멸종' 하면 과거의 일로 생각하는데, 대멸종은 지금 진행 중인 사건이다. 내륙의 도시에 사는 우리는 과장이라고 생각할 수도 있지만, 자연과 가까운 곳에서는 그것을 체감하기 쉽다. 바다는 육지보다 그 과정이 더 노골적으로 드러나는 곳이다.

우리는 바다를 오염시키고 남획으로 어족자원을 필요 이상으로 많이 잡고 있다. 어업은 국가의 규제를 받는 산업에 속하므로 지켜야 하는 규칙이 있지만, 감시가 힘든 바다의 특성상 불법이 횡행한다. 아예 규제가 없는 구역이나 분야도 존재한다. 이런 것을 통틀어 IUU라고 부른다. '불법·비보고·비규제 어업Ilegal, Unreported and Unregulated Fishing'이라는 뜻이다. 이 불법·비보고·비규제의 틈바구니에서 어류는 매년 산업적인 규모로 사라지고 있다. 특히 해양 포유류의 경우 종류를 가리지 않고 잡는 어업 방식으로 인한 혼획으로 그 피해가 크다.

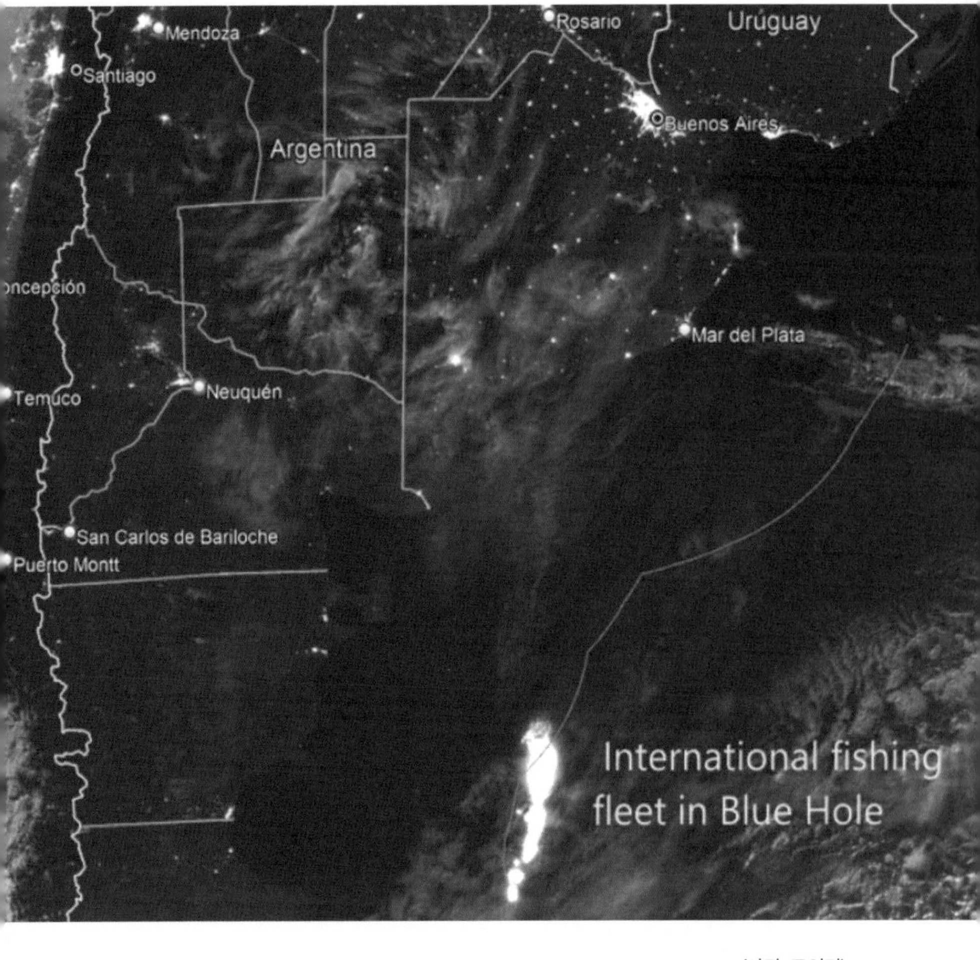

(사진: 로이터)

상업 어선이 밝힌 조명으로 인해
블루홀이 하나의 도시처럼 밝게 빛나 보인다.
'지구에서 가장 착취를 많이 당하는 바다'라는
해양활동가의 설명이 납득이 간다.

넷플릭스 다큐멘터리 〈씨스피라시Seaspiracy〉는 남획과 혼획의 문제점을 지적해 화제가 되기도 했다.

2019년, 국제 환경단체 그린피스로부터 환경감시선 에스페란자호의 승선을 요청받았다. 그린피스는 자신들이 보유한 환경감시선 세 척으로 IUU를 감시하는 활동을 한다. 아르헨티나에서 출발해 남대서양 공해에서 벌어지는 불법·비보고·비규제 어업을 감시하는 항해를 동행 취재할 수 있는 기회였다.

한국에서 출발해 세 번의 비행을 하고 차로 한 시간을 또 달려서야 기항지인 파타고니아 북동부 푸에르토마드린에 도착했다. 이곳은 고래들의 대표적인 번식지라 혹등고래를 볼 수 있다. 아르헨티나가 인근 발데스 반도 일부를 고래보호구역으로 지정해 적극적인 보호정책을 펴고 있는 덕분인데, 고래뿐 아니라 바다사자, 바다코끼리 등이 서식한다. 하지만 아르헨티나 영해를 벗어나면 이야기는 달라진다. 공해公海는 국경이 사라진 곳이다. 각국 해안에서 200해리(약 370킬로미터) 밖에 있는 해역으로, 특정 국가의 영유권이나 배타적 경제권이 인정되지 않는 바다다. 특별한 경우가 아니면 관할권이 없고 감시가 어렵기 때문에 불법 어업 등 IUU가 횡행한다.

아르헨티나 영해 밖, 남극에서도 그리 멀지 않은 그곳으로 가기 위해 푸에르토마드린에서 에스페란자호에 승선했다. '희망'이라는 뜻의 이 배는 길이 72.3미터, 너비 14.36미터, 무게 2400톤, 최대 승선인원 37명으로 북극을 출발해 남극으로 향하며 환경감시와 과학 연구 등 다양한 활동을 진행 중이었다. 이 1년의 항해를 통해 2030년까지 전 세계 바다의 30퍼센트를 해양보호구역으로 지정하자는 '30×30' 캠페인을 널리 알려 '유엔해양생물다양성보전협약BBNJ'*을 성공적으로 이끌고자 했다. 전 세계 바다의 64퍼센트를 차지하는 공해는 지구의 탄소 순환에 중요한 역할을 하고 있지만, 전체 공해 면적 중에 해양보호구역은 1.2퍼센트에 불과하다. 전체 바다를 기준으로 해도 보호되고 있는 면적은 4.2퍼센트다(2019년 2월 기준).

2002년부터 활약한 유서 깊은 배에 탑승했다는 들뜸도 잠시, 내륙에서 멀어지자 배멀미가 심해졌다. 공해를 영어로 High Seas(높은 바다)라고 부르는데 그 이름에 걸맞게 파도가 높고 사나웠다. 8일간 항해의 하이라이트는 '블루홀'이었다. 아르헨티나 대륙붕을 따라 발달한 16만 4000제곱킬로미터 면적의 블루홀은 서쪽으로는 아르헨티나의 배타적 경제수역EEZ과 맞닿아 있고 동쪽으로는 5000미터 등심선으로 구획된다. 지리적 특성으로 인해 생명 다양성이 풍부한 곳이라 원양어선 입장에서는 천혜의 어장이다. 전 세계의 상업 선단들이 몰려와 오징어와 대구 등을 끌어올리는데, 경쟁이 심해져 2017년부터 2022년 사이 총 어업 활동 시간이 저인망 어선

* 정식 명칭은 '국가관할권 이원 지역의 생물다양성 보전 및 지속가능한 이용을 위한 국제 협약(an international agreement on the conservation and sustainable use of marine biological diversity of areas beyond national jurisdiction)'이다.

블루홀의 위치

은 2배, 채낚기 어선은 3배 늘었다.

NASA에서 2022년 2월 15일에 촬영한 위성사진을 보면 성수기에 상업 어선이 밝힌 조명으로 인해 블루홀이 하나의 도시처럼 밝게 빛나 보인다. '지구에서 가장 착취를 많이 당하는 바다'라는 해양활동가의 설명이 납득이 간다. 밤샘 조업을 하는 500여 척은 우주에서 보일 정도지만, 수면 밑에 드리운 그물의 규모는 한 장의 사진으로 파악이 안 된다. 규제와 감시가 없다면 어족자원의 씨가 마르지 않을까. 에스페렌자호에 탄 이들은 모두 조바심을 내고 있다.

사흘이 지나 몸이 배에 적응될 무렵 블루홀에 진입했다. 어업 비수기 시즌임에도 열 척의 어선이 보였다. 한국, 중국, 대만, 일본 등 국적이 다양했다. 그중 자동 위치 식별장치AIS를 꺼놓고 조업하는 스페인 저인망 어선이 포착됐다. 300톤이 넘는 대형 선박은 AIS를 의무적으로 설치해 몇 초마다 위치와 속도, 방향을 신호로 알리게 돼 있다. 거기에는 선박 이름, 국적부터 언제 어디서 어떤 유형의 어업 활동을 했는지 등의 정보가 담겨 있는데, AIS를 끄면 정보가 기록되지 않는다. 수상해 보인다며 활동가들이 고무보트를 띄웠다. 가까이 다가가보니 그물 주변에 갈매기와 알바트로스 등 새들이 잔뜩 모여 있다. 물고기가 많다는 것을 의미한다. 스페인 배는 우리가 접근하자 어떤 이유에선지 조업을 중단했다.

IUU

다음 날, 중국 어선 두 척이 짐을 옮겨 싣는 환적이 포착됐다. 해상 환적은 기름, 생필품 등 선상 활동에 필요한 물건과 어획물을 주고받아 원양어선이 해당 지역에 장기간 머물며 계속 어업 활동을 하는 데 필수다. 일부 어선의 경우 불법으로 잡은 물고기를 단속을 피해 옮겨 싣는 방식으로 감시망을 피한다. 무선 연락을 취해보니 중국인 선장은 자신들은 당당하다며 우리가 배에 오르는 것을 허락했다.

'파일럿 래더'라는 밧줄 사다리를 기어올라 배 난간을 넘었다. 발을 딛고 보니 말만 중국 선박이지 인도네시아 선원이 대다수다. 개도 한 마리 있었다. 14명의 선원 중 10명이 인도네시아 소년이었다. 대략 15~20세 남짓, 수마트라 북부에서 왔다고 한다. 2년 정도 바다에 있었고 앞으로 1년 정도는 더 있을 거라고 한다. 20세 선원과 18세 선원은 형제였는데 고향에 형제 5명이 자신들을 기다리고 있다고 했다.

그들의 배는 인터넷이 터지지 않아 에스페란자호를 근처로 오게 해 무선 인터넷 비밀번호를 가르쳐주니 소년들 얼굴에 화색이 돈다. 한정된 공간인 배에 오래 머물면 심리적인 문제가 발생할 수 있다. 어업 중간중간 입항해 육상 휴식기를 줘야 할 텐데 조금 전 환적하는 장면이 마음에 걸렸다. 선사가 선원들의 복지와 권리를 잘 챙겨주기를 바랄 뿐이다.

선장은 친절했다. 공해에서 귀한 담배를 계속 건네 어쩔 수 없이 받았다. 산둥 반도 출신의 그는 2013년부터 이곳을 찾았다. 예전에는 남극 빙어가 엄청 많았는데 이제는 거의 찾기 힘들단다. 차가운 물에 사는 남극 빙어가 지구 온난화로 사라진 건지, 남획으로 사라진 건지, 아니면 다른 이유에선지 알 수 없지만, 그는 바다가 심상치 않다는 것을 확신했다. 2015년에는 4개월간 1000톤의 오징어를 잡았는데 2017년부터는 1년 내내 잡아봐야 100~200톤을 잡는다고 했다. 13도 정도였던 해수 온도는 10도 정도로 내려갔고, 물고기는 줄었고, 어업 경쟁을 하는 배는 늘었다. 예전에는 주변에 어선이 몇 대가 있는지 셌는데 이제는 의미가 없어 세지 않는다.

블루홀에서 잡은 오징어는 최고로 쳐준다. 그 오징어를 잡기 위해 동아시아 어선들이 이곳으로 몰린다. 한국 원양어선도 있고 중국 선박도 선장이 한국인인 경우가 여럿 있다. 부산 출신의 선장과 교신했는데 한국과 멀리 떨어진 남대서양

13도 정도였던 해수 온도는
10도 정도로 내려갔고, 물고기는 줄었고,
어업 경쟁을 하는 배는 늘었다.
예전에는 주변에 어선이 몇 대가 있는지
셌는데 이제는 의미가 없어 세지 않는다.

에서 한국말을 듣는 게 반가운 목소리였다. 그 역시 해수 온도가 떨어져 물고기가 많이 줄었고, 경쟁이 심해져 힘들다고 털어놓는다. 특히 20년 넘게 안 보이던 유빙이 작년부터 보이기 시작했다고 한다.

유의미한 이야기에 에스페란자호의 다른 국적 선원들이 관심을 보인다. 사실 그린피스가 이번 항해에 한국인인 나를 태운 이유이기도 하다. 원양의 역사가 오래된 대한민국인 만큼 이곳을 찾는 배도 많다. 우리가 식탁에서 누리는 값싼 수산물의 풍요는 대한민국 배들이 세계 바다를 누비며 그물을 친 결과물이다. 한국전쟁이 끝나며 시작된 원양 산업은 대한민국의 경제 발전을 이끈 초석 중 하나다.

그러나 산업의 규모가 큰 만큼 IUU가 발생한 사례도 꽤 있다. 2008년부터 2015년까지 한국 국적 원양어선의 IUU 어업 52건이 적발됐다. 유엔식량농업기구FAO가 전 세계 어획량의 약 30퍼센트를 IUU 어업이 차지한다고 보고한 적이 있으니 우리나라 어선도 글로벌 스탠다드를 따랐다고 해야 할까. 그렇다고 하기에는 성적이 도드라진다. 2013년에 유럽연합은 남획을 근거로 우리나라를 예비 불법 어업국으로 지정했다. 2019년에 미국은 남극 수역에서 발각된 일부 어선의 불법 조업을 근거로 우리나라를 예비 불법 어업국으로 지정했다. 두 번의 예비 IUU 어업국 지정은 다행히 후속 조치로 인해 공식 해제됐지만, 국제적인 감시의 눈길은 계속된다.

어느덧 배는 블루홀을 벗어나 아르헨티나의 배타적 경제수역에 해당하는 남대서양을 항해 중이다. 그린피스 해양활동가 웬징은 AIS를 끄고 금지구역에서 어업 활동을 한 중국 선박이 두 척 있었다며 이번 항해에서 적발한 각종 위반 사례를 글로벌피싱워치GFW와 공유하고 중국 당국에 고발할 것이라고 했다. 그러면서 자신이 에스페란자호를 타고 2년 전 북대서양에서 적발한 IUU 어업 현장을 귀띔해줬다.

당시에는 공해가 아니라 세네갈 등 서아프리카의 배타적 경제수역에서 어업 당국과 합동 작전을 펼쳤다. 자동 위치 식별 장치인 AIS를 꺼도 어업조사관들이 불법 조업 어선을 찾아낼 수 있었고, 승선 조사도 가능했다. 단속 결과 11척의 한국 선박을 포함한 37척이 적발됐다. 선박의 냉동고에서는 귀상어와 만타가오리 등 멸종위기종이 발견됐다. '샥스핀'으로

'에스페란자Esperanze'는
스페인어로 '희망'을 뜻한다.

GREEN PEACE

GREEN PEACE

동행한 아르헨티나 기자가 공해에서 조업 중인 중국 어선 선원들을 취재 중이다.

알려진 상어지느러미도 나왔다. 에스페란자호가 단 3주간 순찰했는데 이 정도였다. 사법권을 가진 당국과 공조할 수 없는 공해에서는 대체 얼마나 많은 IUU가 벌어지고 있을지 가늠조차 힘들다.

"'희망'이라는 뜻을 가진 에스페란자호는 20년 넘게 환경보호를 위해 어둠 속에서 싸워왔습니다. 이제 에스페란자호는 지구의 환경보호를 위한 항해라는 자랑스러운 유산을 남기며 끝을 맺으려 합니다."

2022년 2월 14일, 그린피스 홈페이지에 올라온 글이다. 다른 환경감시선들에 비해 탄소 발자국이 상대적으로 많이 발생해 은퇴를 결정했다고 한다. 어느덧 내가 부에노스아이레

중국 상업어선 선장과 이야기를 나누는 중

스에서 하선하고 한국에 돌아온 지 3년이 넘었다. 에스페란자호는 퇴역했지만 블루홀에는 지금도 조업하는 다국적 원양어선 군단이 떠 있다. 에스페란자호가 목표로 삼았던 유엔해양생물다양성보전협약 5차 정부 간 회의는 2022년 8월에 아무 소득 없이 끝났다.

8일간의 항해로 지구 반대편 공해에 머물면서 우크라이나인 선장을 비롯해 독일, 스페인, 스웨덴, 핀란드, 프랑스, 불가리아, 루마니아, 뉴질랜드, 미국, 중국, 칠레, 콜롬비아, 아르헨티나 출신 선원들과 지내며 일본, 대만, 중국, 한국, 스페인 선박을 목격하고 인도네시아인, 중국인과 개 한 마리를 마주했다. 그리고 그곳에서 산업적인 규모로 잡힌 오징어, 홍어, 메로 등이 전 세계의 식탁으로 향한다는 사실을 확인했다. 전 세계 바다의 64퍼센트를 차지하는 공해는 모두의 바다라는 이유로 그렇게 보호받지 못하고 있다. 단 며칠 동안 그것을 목도하며 놀라던 나에게 이슈화의 최전선에 훨씬 오래 있었던 해양활동가는 덤덤하게 한마디를 던졌다. "우리 모두는 같은 배를 타고 있어요."

기약 없는 싸움을 하고 있는 이들의 투쟁은 끈질기다. 덕분에 2023년 2월, 한 건의 뉴스를 접할 수 있었다. 법적 구속력이 있는 협약의 체결을 마침내 합의했다는 소식이었다. 그날의 메인뉴스는 아니었지만 그래도 비중 있게 다룬 국내 언론사도 있었다. 유엔해양생물다양성보전협약 5차 정부 간 회의가 실망스럽게 끝났음에도, 바다를 이렇게 무방비로 방치해서는 안 된다는 목소리는 결국 반년 후 열린 비상회의에서 전 세계 바다의 최소 30퍼센트를 보호구역으로 지정하기 위한 첫걸음을 이끌어냈다. 공해 보호 이슈가 2004년에 처음 제기된 이후 20여 년 만에 성취한 고무적인 결과다.•

이제 시작일 뿐이다. 체결된 합의는 공해 전체의 1.2퍼센트에 불과한 해양보호구역을 얼마나 확대할지 정하지 않았고, 각국에서 입법 절차를 거쳐 현실화하려면 수년이 걸릴 것으로 예상된다. IUU에 맞설 법적 근거가 생겼을 뿐, 진짜로 공해를 지키려면 끈질겨야 한다. 그 물꼬를 튼 이들과 같은 배를 타고 있는 우리의 관심이 필요한 이유기도 하다.

• 이후 2023년 6월 19일에는 '유엔해양생물다양성보전협약'이 유엔에서 공식 채택되었다.

° 상괭이

대한민국 바다 상황은 다를까? 불법 어업은 한국에서도 횡행한다.

"반칙하는 사람들이 꽤 있어요." 2015년부터 한국의 고래류를 취재하고 있는 이정준 다큐멘터리 감독은 일명 '돌핀맨'이다. 동명의 유튜브 채널을 운영하며 바다를 누빈다. 선장으로서 그가 모는 두 척의 배는 우리 바다에서 일종의 환경감시선 역할을 수행한다. 그 공로를 인정받아 2022년 '삼보일배오체투지상' 특별상을 수상하기도 했다.

나는 그의 다큐멘터리 〈상괭이가 사라진다〉를 인상 깊게 봤다. 이빨고래목 쇠돌고래과에 속하는 상괭이는 1.5~1.9미터까지 자라는 작은 돌고래다. 고래류치고는 몸집이 작은 편이라 백상아리 같은 대형 포식자의 먹이가 되는 동시에 물고기 개체수를 조절하는 포식자로서 바다 생태계의 균형을 맞춘다. 본래 흔하게 볼 수 있는 한국 고래였는데 상황이 달라졌다.

해양수산부에 따르면 2004년 기준 약 3만 6000여 마리였던 개체수가 2016년에는 1만 7000여 마리로 급감했다. 혼획 때문이다. 상괭이는 허파로 호흡해 분 단위로 수면 위로 올라와 숨을 쉬어야 하는데, 그물에 갇히면 질식사한다. 100미터가 족히 넘는 서해와 남해의 대형 어망 안강망*은 상괭이가 숨 쉬는 것을 허락하지 않는다. 이정준 감독은 그 안타까운 현실을 2019년에 영상으로 오롯이 담아 알린 바 있다.

다큐프라임 〈여섯 번째 대멸종〉의 프로듀서로서 그에게 연락해 공동작업을 제안했다. 2021년 한 해 동안 한국 토종 쇠돌고래 상괭이에게 벌어지는 일을 기록했다. 종류를 가리지 않고 잡는 어업 방식으로 인한 피해는 가히 충격적이었다. 충남 태안 일대 한 수거업체에서 모은 상괭이 사체만 274구였다. 연구 목적으로 하루 날을 잡아 그것들을 꺼내 냉동창고 밖 야외 선적장에 늘어놓았다. 죽으면서 옥빛을 잃고 검게 변한 주검 수백 구가 도열한 풍경은 기이했다. 고발 영화에서나 보던 학살 현장을 실제로 보는 듯한 기시감. 미소천사로 불릴 정도로 귀여운 외모는 더 처연한 감정을 자아냈다. 국립수산

* 조류가 강한 우리나라 남해안과 서해안에서 주로 사용되는 어망으로, 입구가 넓고 길이가 긴 자루 모양의 그물을 설치해 조류에 떠밀려온 물고기를 잡는다.

과학원 서해수산연구소와 해양동물생태보전연구소MARC의 연구원들이 사체의 체장體長을 분석한 결과, 그중 97퍼센트가 어린 상괭이인 것으로 최초로 밝혀졌다.

한국, 중국, 일본 등지에만 서식하는 쇠돌고래 상괭이. 한 해 최소 1000마리 이상 계속 죽고 있는 상괭이는 한반도 인근 해역에서 벌어지는 불법·비보고·비규제 어업으로 인해 씨가 마를 지경이다. 2021년 기준으로 등록된 안강망 허가 어선은 746척이다. 법적으로 한 척당 5~20통의 안강망을 운용할 수 있다. 이정준 감독이 2021년에 보고 들은 조업 현장은 법의 범위를 크게 벗어났다. 법적 기준의 두 배 이상인 40~50통씩 운용하는 어선이 부지기수였다.

"단속이 너무 허술해서 그래요. 전 세계 누구나 돈을 더 많이 벌고 싶은 마음은 똑같잖아요. 그래서 규제가 있는 건데, 바다에서는 반칙을 해도 눈에 잘 띄지 않으니까 반칙이 횡행해요. 정치적인 이유인지 단속은 안 이뤄지고, 상괭이는 법이 지켜졌을 때보다 훨씬 많은 수가 죽어나가죠."

어떻게 해야 이 현실을 더 알릴 수 있을까. 이정준 감독은 7년 넘게 바다 위에서 지내며 상괭이의 현실을 여러 편의 작품으로 남겼다. '돌핀맨' 유튜브 채널로도 자주 바다 소식을 올린다. 그럼에도 불구하고 이슈화는 잘 되지 않는다. 관심을 가진 사람들이 늘고 있지만, 충격적인 현실에 비해 충분하지 않다. 같은 해양 포유류인 돌고래와 비교하면 더욱 그렇다. 돌핀맨은 상괭이의 이름부터 비극적이라고 말한다.

(사진: 이정준, 최평순)

연구 목적으로 하루 날을 잡아 그것들을 꺼내
냉동창고 밖 야외 선적장에 늘어놓았다.
죽으면서 옥빛을 잃고 검게 변한
주검 수백 구가 도열한 풍경은 기이했다.

"많은 사람이 상괭이가 고래인지 몰라요." 살쾡이가 연상되는 상괭이. 실은 정약전이 지은 『자산어보』에도 나올 정도로 유서 깊은 이름이지만, 내륙의 최상위 포식자인 삵이 살쾡이로도 불리는 바람에 많은 사람이 상괭이와 살쾡이를 혼동한다. 게다가 남방큰돌고래처럼 이름에 '고래'가 박혀 있지도 않아 쇠돌고래라고 생각하기 힘들다. 고래라고 여기지 않다 보니 다른 물고기처럼 흔히 여겨지고, 잡아도 된다고 생각하는 어민도 많았던 것이 현실이다.

그의 말을 듣다 보니 그가 고래를 쫓아다니던 2015년경에 내가 쫓아다니던 긴팔원숭이, 기번Gibbon이 떠올랐다. 인간과 가장 가까운 5종의 유인원 중 기번은 아시아에만 서식하는 소형 유인원이다. 유인원과 원숭이는 꼬리의 유무로 구별하는데, 기번은 인간처럼 꼬리가 없는 유인원임에도 불구하고 원숭이라는 잘못된 이름으로 알려져 있다. 물론 원숭이도 인간과 꽤 가까운 영장류의 한 그룹인 것은 분명하지만, 인간의 꼬리가 퇴화한 것이 지니는 진화학적 의미만큼 유인원은 원숭이보다는 우리와 더 닮아 있다고 할 수 있다.

하지만 그 차이를 잘 모른다면 인간 관점에서 유인원인 고릴라, 침팬지, 오랑우탄, 보노보, 기번이 그냥 원숭이로 보일 수도 있다. 우리가 바다의 다양한 생명체들을 '물고기'라는 단일 이름으로 부르는 것처럼. 그럼에도 불구하고 육지에서 바다로 되돌아간 포유류 '고래류'와 뭍에 올라온 적 없는 '고등어류'가 진화의 관점에서 멀리 있듯이, 우리가 정확한 이름을 붙이는 것은 중요한 일이다. '긴팔원숭이'는 '긴팔유인원'으로 이름을 바꾸는 것이 옳을 테지만 그런 일은 벌어지지 않을 것이다. 우리나라에 서식하지도 않는 유인원에 제대로 된 이름을 갖게 해줄 성의가 이 사회에 있을 리 없다.

긴팔원숭이만큼 억울하지는 않지만 상괭이가 이름으로 손해보는 것은 분명하다. 돌고래에 비해 상대적으로 상괭이가 덜 알려진 이유는 생김새, 생태와 서식 환경에도 있다. 우선 생김새. 상괭이의 학명은 *Finless Porpoise*(지느러미 없는 쇠돌고래)이다. 말 그대로 지느러미가 없어 개체 식별이 불가능하다. 이정준 감독 또한 수많은 상괭이를 봤지만 크기 빼곤 다 똑같이 생겼다고 이야기한다. "남방큰돌고래의 경우 지느러미가 개체마다 다른 모양이기 때문에 구별하기 쉽습니다. 제돌이를 생각해보세요."

상괭이는 등지느러미가 없다. (사진: 이정준)

과천 서울대공원에서 쇼 공연을 하던 돌고래가 유명세를 얻은 건 기구한 사연 때문이다. 고래연구센터가 2007년 야생에서 발견했을 때 붙인 식별번호는 JBD009였다. JBD009는 2009년 제주 바다에서 어부의 그물에 잡혀 퍼시픽랜드로 팔렸다. 이후 서울대공원으로 이송돼 제돌이라는 이름을 얻었다. 제주도에서 온 돌고래라는 뜻이었다. 공연을 하던 제돌이를 서울대공원을 방문한 과학자가 알아봤다. 지느러미 모양으로 JBD009와 동일 개체임을 확인했다. 핫핑크돌핀스 등 시민단체들이 나서서 불법포획 및 거래 사실을 알리며 제돌이의 야생 방사 여부는 사회적 화두가 됐다.

2012년에 제돌이의 야생 방사가 결정되었고, 서울대공원은 돌고래쇼를 폐지했다. 해양수산부는 남방큰돌고래를 법적 보호종으로 지정했다. 2013년에 제돌이는 고향 바다 제주로 돌아왔다. 자연 방사 전 전문가들은 지느러미에 1번이라는 숫자를 드라이아이스로 새겼다. 2013년 7월에 제주 바다로 나간 제돌이는 지금도 그 숫자를 새긴 채 연안을 누비고 있다. 등지느러미와 1번 숫자로 100미터 거리에서도 육안으로 제돌이를 식별한다.

지느러미는 이렇듯 남방큰돌고래에게 캐릭터를 부여한다. 그냥 '돌고래'와 'JBD009', 그리고 '제돌이'라는 호칭 사이에는 커다란 인식적 차이가 있다. 이와 비교해서 생각하면 상괭이는 불리하다. 돌고래와 다르게 고래라고 느껴지지도 않는 종 이름인 데다 지느러미로 개체 구별도 안 되니 캐릭터를 갖기조차 힘들다.

게다가 생태에서도 큰 차이를 보인다. 남방큰돌고래는 물 위로 점프도 많이 하고 자신들을 적극적으로 표현한다. 호기심도 많아 사람에게 다가올 때도 있고 무리 생활을 하며 놀이, 힘자랑 등 인간 사회에서 보이는 것과 비슷한 생태를 보여주고 과시할 때가 많다. 하지만 상괭이는 굉장히 민감해 사람들이 다가가면 도망가고, 수면 위로 모습을 드러내는 일도 별로 없어 물속으로 사람이 들어가지 않는 한 육안으로 보기 힘들다. 상괭이가 가장 많이 서식하는 곳은 서해인데, 제주에 비해 서해의 바닷물은 탁도가 높아 상괭이가 다가오는 것을 어부들이 눈치채기 힘들다. 그러다보니 갑자기 상괭이 머리가 쑥 보이면 놀라고 무서워하고 싫어한다. 그런 이유들이 겹쳐 대접받지 못하는 존재로 여겨지고, 한 해 수천 마리가 죽어도 큰 관심을 받지 못하는 신세다.

한국의 토종 쇠돌고래 상괭이. 이제와서 이름을 바꿀 수는 없으니 상괭이의 죽음을 알리는 방법은 '교육'이 최우선이다. '상괭이는 쇠돌고래다', '상괭이는 포유류 고래다'라는 인식을 사람들에게 심어주면 지금보다는 그 죽음이 더 안타깝게 여겨질 것이고, 그런 인식이 확산하면 죽음의 수도 줄일 수 있을 것이다. 교육은 이름을 고치는 것보다는 어려운 일이지만 해양생물의 멸종을 막기 위해선 그 길을 가야만 한다.

유리창 충돌

원고를 쓰다가 점심을 먹으러 갔다. 햇빛이 화사하게 쏟아져 들어오는 식당이었다. 국수를 주문해 먹으려던 찰나, '쿵' 하는 큰 소리가 들렸다. 소리가 난 통유리창 쪽을 보니 흰 깃털 뭉치가 휘날리고 있었다. 소리를 들은 건 나뿐만이 아니었다. 창가 바로 앞 손님이 혀를 끌끌 찬다. "아이고, 저걸 어째!" 식당 종업원도 당황한 기색이다.

식당 밖으로 나가 상황을 살펴본다. 멧비둘기 한 마리가 웅크리고 있다. 나와 눈이 마주쳤지만 날아가지 않는다. 비행하기 힘든 상태이기 때문이다. 야생 조류는 유리창에 부딪히면 뇌에 충격을 받아 일시적으로 정신을 못 차린다. 같이 건물 밖으로 나온 손님은 안쓰러웠는지 새의 상태를 조심스레 살핀다.

충돌에서 회복 중인 멧비둘기와 멧비둘기가 부딪힌 식당 통유리.

조류가 유리창에 충돌할 때, 많은 경우 머리로 들이받지만 가슴으로 충돌하는 경우도 적지 않다. 이 경우 외관상으로는 문제가 없는 듯 보이지만 가슴쪽 골격이나 근육을 심각하게 다치는 일이 흔하다. 나아가 야행성 맹금류는 눈이 커서 안구 안쪽에 심각한 부상을 입는 경우도 빈번하다. 우리가 교통사고 후유증을 경험하듯, 유리창에 충돌한 새가 당장 현장에서 떠날 수 있다고 해서 정상이라 말하기 어렵다. 이후에 다른 포식동물의 손쉬운 먹잇감이 되기 일쑤다. 방금 충돌한 개체는 다행히 뼈가 부러지진 않은 듯했다. 가벼운 뇌진탕 증세만 보였다. 이런 경우에는 시간이 지나면 자연스럽게 날아가는 경우가 많다. 충돌 개체의 상태가 심각할 때는 해당 지자체의 야생동물구조센터에 전화해 신고해야 하지만, 이번에는 그럴 필요는 없어 보였다. 운이 좋았다고 해야 할까.

충돌한 유리창에는 멧비둘기의 깃털이 아직 붙어 있다. 자세히 보니 근처 나무가 유리창에 반사되어 새가 부딪히기 좋은 환경이다. 식당 주인에게 재발 방지책으로 조류 유리창 충돌 저감 장치(5×10센티미터 간격의 스티커)를 구입해 설치하는 방법을 알려주었다.

식당을 나서며 스마트폰의 '네이처링' 어플리케이션을 열어 사고 사진과 정보를 데이터로 기록해둔다. 네이처링 앱은 누구나 참여 가능한 빅데이터 자연활동 기록 플랫폼이다. 여러 미션이 있는데 그중 '야생 조류 유리창 충돌 조사 미션'에는 시민들이 새의 유리창 충돌 기록을 남기고 있다. 우리나라에서만 하루 2만 여 마리의 야생 조류가 유리창에 부딪혀 죽는데, 그 현실이 이곳에선 적나라하다. 앱을 확인해보니 오늘도 많은 새가 유리창에 충돌했다. 물총새, 오색딱다구리, 호랑지빠귀, 황조롱이, 동박새 등 충돌 개체의 사체와 깃털 등 충돌 흔적이 가득하다.

야생 조류 유리창 충돌 문제에 관심을 가지게 된 이유는 한 사람의 집요함에서 비롯됐다. 김영준 국립생태원 동물관리연구실장이 내게 이 문제로 말을 건넨 건 2018년 여름, 바다거북 사체 부검장에서였다. 당시 플라스틱 해양 오염 문제를 촬영하던 내게 그는 야생 조류 유리창 충돌 문제가 정말 심각하다며 취재를 권유했다. 하루 2만여 마리가 우리나라에서 죽는다는 수치에 의심이 들기도 했다. 그러나 두 해가 지나 〈여섯 번째 대멸종〉 다큐멘터리를 제작하며 국내 방음벽을 살피기 시작하자 이야기가 달라졌다. 투명하고 긴 방음벽

"만약 새가 토마토였다면,
또는 돌멩이였다면 이 문제는
정말 쉽게 이슈화됐을 거예요."

밑에서 새 사체를 발견하는 것은 너무 쉬웠다. 방음벽 높이가 3단이든 1단이든, 충돌을 막겠다며 맹금류 스티커를 붙였든 아니든 어김없이 충돌 흔적이 있었다.

"만약 새가 토마토였다면, 또는 돌멩이였다면 이 문제는 정말 쉽게 이슈화됐을 거예요." 김영준 실장은 새가 유리창에 부딪혀 죽더라도 그 흔적이 우리 눈에 띄지 않기 때문에 이슈를 알리기 너무 힘들다고 토로한다. 새는 유리창에 부딪힐 때 흔적을 거의 남기지 않는다. 비둘기류의 경우에는 몸에서 분비되는 기름 흔적이나 깃털 정도를 남길 뿐이다. 충돌 후 땅에 떨어지면 사체가 남는데, 보통 방음벽 밑엔 잡초가 자라 잘 보이지 않고 까치나 고양이 등 다른 동물이 먹어 치우거나 부패해 사람 눈에 잘 띄지 않는다. 고층 건물 등 방음벽이 아

방음벽에 부딪혀 숨진 딱새.

닌 도시 구조물에서는 건물 관리인이나 미화원, 집주인이 사체를 치운다. 그래서 하루 2만여 마리가 죽어도 대중은 잘 모르는 기이한 현상이 계속된다.

잔인한 비유지만 토마토가 하루 2만여 개 유리창에 부딪혔다면 붉은 흔적이 남아 사람들의 관심을 훨씬 많이 받았을 것이다. 돌멩이가 부딪혔다면 우리는 이렇게 쉽게 유리를 사용하지 못했을 것이다. 야생 조류 유리창 충돌의 '비가시성'을 강조하기 위해 김영준 실장은 새를 토마토와 돌멩이에 비유한 것이다.

어떻게 하면 보이지 않는 충돌을 보이게 할 수 있을까? 김영준 실장이 새를 보호하려는 이들과 함께 시작한 것은 일단 기록하는 것이다. 네이처링 앱에 '야생 조류 유리창 충돌 조사' 미션을 만들어, 누구나 자신이 마주한 유리창 충돌 새 사체와 흔적을 휴대전화로 기록할 수 있게 했다. 시민의 집단 지성을 활용한 것이다. 시간과 장소, 개체 정보, 사진을 올리는 방식인데, 2018년 7월 개설 이래 5년이 넘는 시간 동안 4400여 명의 참여자가 4만 8000여 건을 기록했다. 그 기록을 따라가다 보면 예상하지 못한 공간이 새에게는 죽음의 현장이었다는 것을 발견하게 된다.

내 주거지 근처 이화여대 캠퍼스에는 거대한 구조물이 있다. ECC라 불리는 다목적 공간인데, 영화관도 있고 공용공간이 넓어서 자주 방문한다. 프랑스 건축가 도미니크 페로가 설계해 2008년에 문을 열었는데, 운동장이 있던 자리를 파고들어 날렵한 외관을 완성했다. 가운데 커다랗게 비워놓은 외부 광장 양옆으로 대형 전면 반사 유리창이 거대하게 서 있다. 그 과시적인 형상은 한국 최고의 현대건축 7위로 선정될 정도로 압도적인 풍경을 자랑한다. 한데, 네이처링 앱을 살펴보니 그곳이 새들의 충돌 현장으로 점점이 기록되어 있다. 진짜 일까? 이화여대 캠퍼스에서 기록자들을 만났다. 학생들이 만든 '윈도우 스트라이크 모니터링' 소모임이다.

"오늘 아침에도 발견했어요. 저기 보이시나요." 익숙한 공간에 익숙하지 않은 새 사체 흔적이 있다. 왜 여기에 부딪혔을까? 새의 시선으로 다시 그 공간을 바라본다. 유리창에 반

이화여대 ECC에 부딪힌 야생 조류 충돌 흔적을 교내 소모임 '윈도우 스트라이크 모니터링' 멤버들이 살피고 있다.

사된 캠퍼스의 초목이 눈에 들어온다. 워낙 창이 거대해 그 반사된 풍경조차 수백 미터 길이로 이어진다. 새 입장에서는 착각하기 쉬운, 일종의 함정이다. 소모임은 2019년 가을부터 지속적으로 ECC에 부딪혀 죽은 새들을 기록해 알리고, 학교 측에도 저감 방법을 건의했다. 건축가 도니미크 페로에게 메일도 직접 보냈지만, 그들은 '예산' 등의 이유로 쉽사리 움직이지 않았고 지금도 죽음은 계속되고 있다.

야생 조류 유리창 충돌 문제는 이렇듯 자발적으로 해결이 쉽지 않은 문제다. 건축물 설계 단계에서 야생 조류 충돌 방지를 염두에 두면 가장 좋을 텐데, 이제 막 걸음마를 뗀 수준이다. 경기·인천 등 일부 지자체는 조례를 제정해 야생 조류가 투명 유리창 등에 충돌하는 것을 방지하는 대책을 인공구조물 소유자가 마련해야 한다는 내용의 법적 근거를 마련했다. 아직 실효적 강제성은 없는 상황이지만, 이조차도 이 문제를 해결하고자 하는 사람들이 나선 결과다.

전 세계인들의 환경 문제에 대한 인식을 바꿨다는 고전 『침묵의 봄』에는 이런 구절이 나온다.

"낯선 정적이 감돌았다. 새들은 도대체 어디로 가버린 것일까? 이런 상황에 놀란 마을 사람들은 자취를 감춘 새에 대해 이야기했다. 새들이 모이를 쪼아 먹던 뒷마당은 버림받은 듯 쓸쓸했다. 주위에서 볼 수 있는 몇 마리의 새조차 다 죽어가는 듯 격하게 몸을 떨었고 날지도 못했다. 죽은 듯 고요한 봄이 온 것이다. 전에는 아침이면 울새, 검정지빠귀, 멧비둘기, 어치, 굴뚝새 등 여러 새의 합창이 울려 퍼지곤 했는데 이제는 아무런 소리도 들리지 않았다. 들판과 숲과 습지에 오직 침묵만이 감돌았다."[•]

실제 같지만 사실 픽션이다. DDT 등 살충제의 무분별한 사용을 경고하기 위해 지어낸 이야기다. 작가가 1960년대에 상상한 장면은 2023년 현재 다른 이유로 현실이 되어가고 있다. 나는 다큐멘터리 취재를 하며 1년 반 동안 전국의 방음벽

• 레이첼 카슨 지음, 김은령 옮김, 『침묵의 봄』, 에코리브르, 2011년.

과 건물을 살폈다. 충돌한 지 얼마 안 된 뇌진탕 상태의 새들을 줄줄이 발견했다. 『침묵의 봄』의 한 구절처럼, 볼 수 있는 몇 마리의 새조차 몸을 떨었고 날지도 못했다. 죽은 새들은 부지기수였다. 취재하기 전에는 하루 2만여 마리가 죽는다는 말이 믿기지 않았는데 실제 돌아다녀보니 그 숫자가 납득되었다. 경상남도의 한 도로 방음벽에 설치한 관찰카메라에는 멧비둘기가 방음벽에 충돌해 즉사하는 장면이 고스란히 담기기도 했다.

촬영을 진행할수록 죽음을 마주하는 횟수가 늘었고 그만큼 괴로웠다. 네이처링 앱에 기록을 남기고, 저감 장치 스티커를 직접 붙이기도 했다. 하지만 저감 장치를 시공하는 것은 생각보다 비싸고 시간이 오래 걸리는 작업이었다. 사람 손이 닿지 않는 높이에 새들이 인식할 수 있는 문양의 테이프를 붙이려면 '스카이차'라고 불리는 고소작업차를 불러야 했다. 물론, 새들이 자주 부딪히는 곳에는 우선적으로 작업을 해야겠지만, 전국의 방음벽과 건물의 투명 유리창에 일일이 시공하는 데 한계가 있는 것도 사실이다.

"최근에 방음벽을 돌면 예전보다 새가 줄었다는 느낌이 들어요. 이러다 정말 침묵의 봄이 오는 건 아닐까 생각이 들죠."

현실은 적나라한데 해결은 미비한 상황. 우리의 무기는 이슈화하는 것뿐이다. 김영준 실장과 이야기하다가 다큐멘터리 부제를 '침묵의 봄'으로 정했다. 이듬해 상반기 제작한 다른 프로그램 〈이것이 야생이다 3: 3%의 세상〉 첫 편에서도 야생

(사진: 김영준)

"최근에 방음벽을 돌면 예전보다
새가 줄었다는 느낌이 들어요. 이러다 정말
침묵의 봄이 오는 건 아닐까 생각이 들죠."

조류 유리창 충돌 문제를 다뤘다.

따져보면 나는 김영준 실장이 설득한 여러 언론인 중 한 명일 뿐이다. 몇 년 전부터 타 방송국과 신문사에서 다른 영상과 기사로 야생 조류 유리창 충돌 문제를 다루기 시작했다. 네이처링 앱에도 기록이 계속 쌓이고 있다. 새로 시공하는 방음벽과 건물 유리창에 조류 충돌 저감 문양을 적용한 경우도 늘고 있다. 만약 당신이 이 글을 통해 처음 야생 조류 유리창 충돌 문제를 알게 됐다면 아직 갈 길이 멀었다는 뜻이다. 그래도 계속 말하는 누군가가 있기에 절망적이지만은 않다.

수분 매개자

인간에게 이로운 존재가 증발해버리면 이슈화는 상대적으로 용이하다. 벌을 생각하면 그렇다. 벌은 세계 100대 작물 중 71가지의 가루받이를 돕는다.* 벌이 사라지면 참외, 사과, 쌀, 아몬드 등 우리가 당연하게 먹던 것들의 공급에 큰 차질이 생기고 가격 또한 크게 오르게 된다. 아인슈타인이 "꿀벌이 사라지면 인류가 멸망할 수도 있다"라고 말했다는 소문이 떠돌 만큼 수분 매개자로서 벌의 중요성은 널리 알려져 있다.

하지만 모든 관심은 꿀벌이 독차지하고 있다. 사람이 키우는 가축이라 그렇다. 벌은 야생벌과 사람이 가축으로 키우는

* 국제식량농업기구의 2005년 자료 참고.

서양 꿀벌, 토종 꿀벌로 구분한다. 농부의 재산인 꿀벌과 달리, 야생벌은 관심 밖이다. 전문가들은 야생벌이 기후 위기, 살충제 남용, 서식지 파편화 등으로 멸종하고 있다지만 국내 야생벌의 정확한 실태를 알기 힘들다. 보라매공원, 한강공원 등에서 20년 동안 개체수가 90퍼센트 이상 감소했다는 수치 정도만 찾아볼 수 있다.

가축 꿀벌은 인간이 어떻게 관리하느냐에 따라 환경 변화에 일정 정도 대처가 가능하지만 그들 역시 기후 위기 등으로 위협받는 것은 마찬가지다. 야생벌과의 차이점이라면 벌집을 소유주가 관리하기 때문에 벌통에 문제가 생기면 우리가 알아채고, 전국적으로 수치화하기 용이하다는 점이다. 모든 벌이 멸종을 향해 가고 있는 상황에서 실제 꿀벌마저 위험 신호를 보이자 2022년 초, 전국적으로 이슈화가 이뤄졌다. '이슈화'라는 난적과 싸우고 있던 나에게는 흥미로운 사건이었다. 당시 나도 우연히 꿀벌을 촬영하고 있었다.

2020년 여름에 꿀벌을 취재하기 시작한 것은 기후 위기를 조명하려는 의도에서였다. 역대 최장의 장마가 한반도를 덮친 시기였다. 비 때문에 먹이 활동을 하러 나가지 못하는 시간이 길어지자 양봉인들이 꿀벌의 자연 먹이인 꽃꿀과 꽃가루 대신 설탕 시럽과 인공 화분떡을 먹이고 있었다. 게다가 그해는 아까시나무에 꽃 필 시기인 5월에 날이 좋지 않아 일년 꿀 농사를 망친 상태였다. 농촌진흥청은 전년보다 아까시 꿀 생산량이 95퍼센트 가량 줄었다고 발표했다. 꿀벌들의 전체적인 체력이 떨어진 상황. 농부들은 가축 꿀벌을 지키기 위해 안간힘을 썼다.

다음 해인 2021년에 상황이 역전되기를 바랐지만, 기후 위기라는 악조건은 더 심해졌다. 꽃이 피지 않아야 할 1월부터 홍매화가 피기 시작했다. 일본에도 벚꽃이 평소보다 훨씬 빨리 폈다. 벚꽃의 개화 시기를 관찰하기 시작한 에도 시대 이후 가장 빨랐다는 보도가 이어졌다. 일 년 꿀 농사를 좌우할 5월 아까시나무 개화시기. 전년만큼 최악은 아니었지만 비가 많이 내려 아까시 꿀 생산량도 고전을 면치 못했다. 2년에 걸쳐 평년의 절반 이하를 밑도는 수준의 아까시 꿀 수확은 꿀벌과 농부 모두를 힘 빠지게 했다. 그리고 해가 지나 2022년, 모두가 우려하던 일이 벌어졌다.

꿀벌이 단체로 사라진 것이다. 봄을 맞기 위해 농부들이 겨우내 들춰보지 않았던 벌통을 열었더니 텅텅 빈 벌통이 많았다. 약 70억 마리의 꿀벌이 자취를 감췄다. 본래 월동 중 꿀벌의 11퍼센트가 폐사한다는 통계가 있지만, 이번엔 20퍼센트에 가까운 봉군蜂群에 문제가 있었다. 250만 봉군 중 50만여 봉군이 사라졌고, 특히 전남은 피해가 43퍼센트에 달할 정도로 심했다.

미국에서는 이와 유사한 벌집군집붕괴현상colony collapse disorder, CCD이 2006년에 있었는데, 국내에서는 처음 발생하는 일이라 대대적으로 보도가 됐다. 월동이 끝나는 시기에 맞춰 양봉농가는 벌통을 확인하는데, 1월 제주도를 시작으로 전라 꿀벌이 단체로 사라진 것이다.
봄을 맞기 위해 농부들이
겨우내 들춰보지 않았던 벌통을 열었더니
텅텅 빈 벌통이 많았다.
약 70억 마리의 꿀벌이 자취를 감췄다.

남도, 경상남도, 충청북도, 경기도 등 위도에 따라 실종 신고가 북상했다. 수개월간 경마식 보도가 이어지며 꿀벌 실종은 꽤 화제가 됐다. SBS 〈그것이 알고 싶다〉에서 사람의 실종 사건처럼 다룰 정도로 한국 사회에 충격적인 사건이었다.

햇수로 3년 동안 꿀벌을 취재하며 수분 매개자인 벌이 점점 기후 위기와 살충제 사용 등으로 야생에서 자취를 감추고, 농부들이 보살피는 가축 꿀벌마저 위협을 받는 현실을 직접 제작하는 다큐멘터리로 이슈화하고 싶었는데, 갑자기 월동 중 꿀벌 집단 실종 사건이 발생하며 자동으로 이슈가 되었다. 인간의 활동으로 비인간이 크게 영향을 받는 문제가 비일비재해도 대부분은 주목받지 못하는 시대에서 꿀벌의 경우는 달랐다. 꿀벌조차도 내가 예상한 것보다 더 빠르게 경고 메시지를 보냈다. 그 경고에 반응해 사람들은 이제 살충제 성분과 꿀벌의 천적인 응애 방제 대책 등을 논하고 있다. 농가와 관련 정부 부처가 할 수 있는 선에서 해결책을 찾는 중이다.

인간 진영에 있는 가축 꿀벌은 보호 대상이라 대책이 마련되지만, 야생벌과 다른 수분 매개자들은 다르다. 2017년의 유엔 자료에 따르면, 지구상의 야생벌 2만 종 중 8000종이 멸종위기에 처한 것으로 나타났다. 나비도 마찬가지다. 국립수목원이 광릉숲에서 25년간 정해진 루트를 따라 조사한 결과, 나비 120종 중 15종이 사라졌다. 큰수리팔랑나비는 호박빛 날개를 가진 예쁜 나비인데 한국에서 절멸했다.

독일도 마찬가지다. 100년 넘는 역사를 자랑하는 독일 크레펠트 곤충학회는 1983년부터 독일 곳곳에 곤충 포획기를 설치하고 표준화된 방식으로 곤충의 다양성을 조사하고 있다. 그 결과 크레펠트시 주변에서만 모든 나비종 중 50퍼센트가 사라진 것으로 나타났다. 400제곱킬로미터에 달하는 주변 서식지에서 사라진 꿀벌종도 50퍼센트 이상이다.

더 충격적인 것은 종수보다 개체수, 즉 생물량이다. 1989년부터 2016년 사이에 무려 76퍼센트나 감소했다. 예를 들어 30년 전에 한 곤충 포획기에서 채집한 곤충이 유리컵 하나를 꽉 채웠다면, 같은 곳에서 30년 뒤 같은 시기에 채집하니 유리컵의 4분의 1만 채워졌다는 것이다. 상상을 초월하는 수준의 데이터는 학계에 반향을 일으켰다. 〈내셔널지오그래픽〉을 비롯해 많은 미디어의 관심도 논문 발표 이후 지금까지 계속되고 있다. 나 또한 독일에 취재를 갈 기회가 있어 크레펠트에 들렀다.

학회장 마르틴 조르크 박사는 사무실을 채우고 있는 수많은 곤충 컬렉션을 보여줬다. 병 속 에탄올에는 딱정벌레, 땅벌, 잠자리 등 다양한 곤충이 보존되어 있었다. 사무실에는 1980년대부터 일한 마르틴 조르크 박사보다 나이가 많은 채집물이 가득하다. 수십만 개의 컬렉션 중에는 200년 된 샘플도 있을 정도다. 박사는 표본 서랍장에 있는 한 호박벌을 가리켰다. 본래 크레펠트 주변에 서식하던 그 야생벌은 절멸해 이제 이 샘플 서랍장에서만 볼 수 있다. 멸종이란 그런 것이다. 태초의 유전자가 사라지고 다시는 돌아오지 않는다.

대멸종이 진행 중인 시대를 살고 있지만, 양봉업자의 수가 줄지않고 관리 방법이 개선된다면 꿀벌의 개체수는 유지될 것이다. 양계업자가 많으면 닭 개체수가 유지되는 원리다. 하지만 야생의 수분 매개자들은 속수무책이다. 얼마나 많은 종이 사라지고 있는지 아는 것부터 난관이다. 독일의 한 곤충학회 회원들이 자발적으로 표준방식을 정하고 40년 넘게 꾸준히 조사해오며 76퍼센트의 생물량 감소라는 충격적인 수치를 발표해야 주목받는 정도다. 두 자리 수가 넘는 시간의 누적과 100에 가까운 숫자만이 그 참담한 현실을 경고할 뿐이다.

◦ 인간과 가장 가까운 존재마저

수업 시간에 쓰는 일회용 종이컵을 통해 플라스틱을 위시한 환경 문제에 관심을 갖게 됐다. 그 관심이 환경을 넘어 지구적 차원으로 확장된 배경에는 유인원이라는 존재가 있다. 〈하나뿐인 지구 – 유인원, 사람을 고발하다〉(2015)를 통해 침팬지를 촬영했고, 다큐프라임 〈긴팔인간〉(2017)을 통해 야생 기번을 촬영했다. 〈인류세〉(2019), 〈여섯 번째 대멸종〉(2021)에서는 인간의 서식지 파괴로 인해 고통받고 멸종 위기에 몰린 오랑우탄의 삶을 기록했다.

유인원은 인간과 가장 가까운 존재다. 아프리카에 3종(고릴라, 침팬지, 보노보)이 살고 아시아에 2종(오랑우탄, 기번)이 산다. 같은 영장류인 원숭이와 달리 꼬리가 없고, 다른 포유류, 영장류에 비해 생태가 인간과 비슷하다. 인간과 침팬지는 유전적 차이가 1.2퍼센트다. 고릴라는 1.6퍼센트다. 이들과 오랑우탄은 3.1퍼센트의 DNA로 구별된다. 원숭이와 비교하자면, 모든 대형 유인원과 인간은 레서스원숭이와 DNA가 7퍼센트 다르다.* 인류의 임신이 10개월 걸린다면, 침팬지와 오랑우탄은 8개월 정도다. 반면 레서스원숭이는 5개월 정도다. 그 정도로 인간과 유인원은 유사하다.

사실 동물의 분류 기준으로 보면 꼬리가 없는 인간도 영장류 중 원숭이가 아닌 유인원 그룹에 속한다. 정확히 말하면 유인원에는 인간을 포함해 6종이 있는 셈이다. 굳이 우리와 그들을 구별하겠다면 침팬지, 오랑우탄, 고릴라, 보노보, 기번을 비인간 유인원이라 부르면 적절하다.

그 5종 모두 멸종위기종이다. 침팬지는 인간과 유사하다는 특성 때문에 실험 대상이 됐다. 최초의 우주인 유리 가가린이 탐사선에 몸을 싣기 전에 우주로 나가 탐사의 안전성을 테스트한 것도 침팬지다. 의학 연구 목적으로 생체 실험의 대상이 된 침팬지는 나이가 들어 실험에 적합하지 않게 되면 좁은 철장 안에 갇혀 여생을 보냈다. 하지만 거울을 보면 자신을 인지할 정도의 자의식을 가진 유인원을 실험 목적으로 학대하는 것에 대한 비판은 시간이 갈수록 커졌다.

급기야 미국의 한 동물보호단체는 2013년에 침팬지 네 마리에 대한 불법 구금을 해제해달라고 요구하는 소송을 침팬

* https://humanorigins.si.edu/evidence/genetics

지의 이름으로 제기했다. 이 소식을 듣고 비인간의 인격권에 대해 취재한 적이 있다. 미국 플로리다의 유인원 보호소에는 미 공군 소속으로 각종 실험에 이용된 침팬지, 텔레비전 토크쇼의 보조 출연자로 출연하던 침팬지, 의대 실험실에 있다가 풀려난 침팬지, 애완용으로 기르다가 덩치가 커지자 주인이 감당을 못해 버린 오랑우탄 등이 가득했다. 80~90년대가 아닌 2000년대임에도 태국 방콕의 공연장에서는 오랑우탄에게 권투 복장을 갖추게 하고 킥복싱하는 쇼가 인기를 끌기도 했다. 베트남과 인도네시아의 동물원에서는 오랑우탄이 방문객의 담배꽁초를 주워 흡연하는 모습이 촬영돼 SNS에서 화제를 끌었다. 우리와 닮았다는 이유로 자행된 학대였다.

동물권에 대한 인식이 커지면서 직접적인 학대는 줄었지만, 정작 유인원을 멸종 위기로 내몰고 있는 것은 서식지 파괴다. 지구에서 인간이 살 땅도 모자란 판국에 그들을 위한 공간은 없다. 1974년에 40억이던 세계인구는 2023년에는 80억에 육박한다. 늘어나는 인구만큼 도시는 계속 팽창해 산림을 집어삼킨다. 문명 세계를 위한 자원 개발은 인간의 손길이 닿지 않았던 곳에 매장된 천연자원을 파고 들어간다. 고릴라가 서식하는 콩고 분지는 세계에서 두 번째로 큰 열대우림인데, 경제가 어려워지자 콩고민주공화국이 석유·가스 매장지인 비룽가 국립공원을 경매 대상으로 내놓았다.

세계에서 세 번째로 큰 열대우림이 있는 인도네시아는 어떨까? 보르네오섬이라고 알려진 칼리만탄 동부에서 나는 기

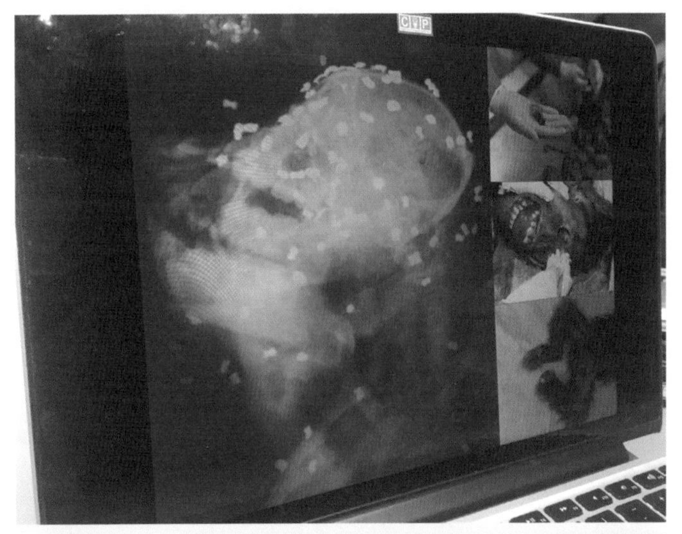

(위) 숨진 오랑우탄을 발견한 활동가가 보여준 엑스레이 사진. 총탄이 두개골 주변에 가득하다. (아래) 파인애플 총격 사건이 발생한 마을에 사건 이후 설치된 안내판. 오랑우탄을 전설 속 존재가 되지 않게 해달라고 적혀 있다.

구한 신세의 오랑우탄들을 여럿 만났다. 시작은 2018년 2월에 접한 뉴스 기사였다. 한 수컷 오랑우탄이 130여 발의 총알을 맞고 숨졌다는 사건 기사 제목은 충격적이었고, 함께 실린 사진은 참혹했다. 숲에 먹을 것이 없어지자 파인애플 밭으로 내려온 오랑우탄은 마을 사람들에게 총격을 받았다. 이튿날 호수에서 발견돼 동물보호단체의 구조를 받고, 병원으로 옮겨져 산소 호흡기를 입에 물고 심폐소생술을 받았지만 끝내 숨졌다.

당시 녀석을 구조했던 동물보호단체인 '오랑우탄 보호 센터Center for Orangutan Protection, COP'의 활동가를 인도네시아에서 만났다. 그는 몇 장의 사진을 보여줬다. 가장 충격적이었던 것은 엑스레이 사진이었는데, 총알 수십 개가 두개골 주변에 박혀 있었다. 그에게 발견 당시 상황과 관련 정보를 듣고 해당 장소로 향했다. 놀랍게도 그곳은 국립공원이었다. 본탕이라는 도시에서 멀지 않은 쿠타이 국립공원인데 면적이 무려 2000제곱킬로미터다. COP 활동가에 따르면 본래 사람이 살 수 없는 구역인데, 광산 개발로 도로가 뚫리며 가난한 사람들이 도로 주변에 정착하기 시작했고 주 정부는 그들을 내쫓을 수 없어 거주권을 인정해줬다고 한다.

총격 사건이 발생한 곳에 도착해 마을 사람들에게 탐문을 시도했다. 분위기가 너무 흉흉했다. 주민들이 대거 구속된 여파였다. 인도네시아 법은 오랑우탄을 비롯한 보호종을 죽일 경우 최장 5년의 징역과 1억 루피아(약 790만 원) 이하의 벌금

형에 처하도록 규정하지만, 실제로 처벌되는 경우는 드문 실정이다. 이 사건의 경우 국제적으로 유명해지자 인도네시아 경찰은 농장주 무이스 등 네 명을 전격 체포했다. 졸지에 남편과 아들, 사위가 감옥에 간 무이스의 부인은 억울함을 표했다. 자신의 농장에 커다란 짐승이 나타나 농작물을 훔쳐가는 것을 막는 차원이었는데, 집안의 남자들이 다 사라졌다는 것이다. 농민 입장에서 생각해보면 참작할 여지가 있긴 하다. 동물과 인간의 갈등은 도시 맨 끝자락에 있는 사람과 야생동물의 충돌로 나타난다. 오랑우탄에 의한 작물 피해가 누적되어 주민들의 불만이 고조됐고, 그것이 우발적인 사건으로 이어진 것이다.

숨진 오랑우탄이 발견된 호수를 찾아 드론을 띄웠다. 화면 속 저 멀리 수 킬로미터 떨어진 곳에 국립공원이라면 응당 가지고 있는 산림이 보였다. 호수와 숲 경계선 사이에는 파인애플 밭과 팜유 농장이 듬성듬성 들어서 있었다. 저 경계선에서 이 호숫가까지 오랑우탄이 걸어왔을 거라 생각하니 마음이 무거웠다. 보통 오랑우탄은 땅에 내려오지 않고 나무 사이를 건너 이동하는데, 이 동선에는 나무가 없었다. 얼마나 먹을 게 없으면 위협을 무릅쓰고 몸을 피할 곳이 없는 이 땅을 가로질렀을까.

동네 주민들에게 물어보니 총격 사건 전에는 오랑우탄이 많았는데, 이제는 거의 안 나타난단다. 하긴 그렇게 총질을 해댔는데 이곳에 나타나는 오랑우탄이 있을 리 만무하다.

살아남은 오랑우탄들은 어디로 갔을까? 지도를 보고 다음 행선지를 정했다. 이곳에서 차로 두세 시간 올라가면 세계 최대 규모의 노천광산 중 하나가 있다. 석탄 회사는 거기서 최고급 석탄을 채굴한다. 매장된 석탄을 다 캐고 나면 인근 지역을 발파한다. 그렇게 길을 따라 계속 광산 부지를 확장 중이다. 오랑우탄에게는 살기 힘든 환경이지만, 사람들도 살기 힘든 환경인지라 석탄회사 관계자를 제외하면 거주민이 별로 없다.

도로를 따라 올라가면서 트럭 운전수들을 상대하는 매점 주인들에게 오랑우탄 출몰 여부를 탐문했다. 한 주인이 휴대전화로 자신이 찍은 영상을 보여준다. 아까 지나온 아스팔트 길을 따라 어린 오랑우탄이 걷고 있다. 오토바이에 탄 주민이 소리를 질러도 아랑곳없이 앞만 보고 걸을 정도로 힘이 없어 보였다. 그렇게 붕알론 지역의 오랑우탄을 만났다.

이후 3년이 넘는 시간 동안 그곳을 계속 찾아 그들의 삶을 기록했다. 석탄 광산이 조각낸 숲은 1헥타르도 안 되는 면적으로 듬성듬성 있었는데, 그 점들을 오랑우탄 몇 마리가 오가며 지내고 있었다. 채굴이 끝난 지역은 광산 회사가 조림 명목으로 묘목을 심었는데, 그 개활지에 오랑우탄이 매일 나타나 묘목을 뽑아 먹었다. 몸을 숨길 곳 하나 없는 곳에 나타난 오랑우탄은 불안한지 계속 인기척을 살피며 묘목에서 자신이 손으로 훔칠 수 있는 가지와 잎을 한 움큼 집어 입으로 쑤셔 넣고, 씹으면서 이동하다가 다음 묘목을 훔치기를 계속했다.

지구에서
인간이 살 땅도 모자란 판국에
그들을 위한 공간은 없다.

그렇게 정신없이 200미터를 먹으며 지나간 녀석은 개활지 끝에 있는 나무에 자리 잡고 잠자리용 둥지를 만들기 시작했다. 설마 여기에 집을 짓는다고?

나는 눈이 휘둥그레졌다. 야생의 오랑우탄은 소음에 민감해 조용하고 은밀한 곳을 찾는다. 오랑우탄은 어찌나 청결한지 매일 새 둥지를 만들고, 헌 둥지를 재활용하더라도 새 잎을 몇 장 구해 바닥에 깔고 갈 정도로 잠자리에 진심이다. 자신이 만든 잠자리에 누워 하늘을 바라보다 잠에 곯아떨어지는 유인원의 모습을 지켜보노라면 내가 침대에서 잠드는 모습과 비슷해 웃음이 나곤했다. 그런데 이곳은 지금도 광산의 중장비들이 쉴 새 없이 움직이며 소음과 먼지를 내는 곳이다. 몇 시간에 한 번씩 발파 소리까지 들린다. 가히 최악이라 할 수 있는 곳에 있는 부실하게 생긴 나무에서 오랑우탄은 몸을 뉘였다. 채굴 작업은 밤새 계속됐다. 인간보다 소리에 민감한 야생동물은 그렇게 중장비 소리와 함께 잠을 청했다.

다음 날, 해 뜨기 직전 새벽녘에 둥지를 다시 찾았다. 기지개를 편 녀석이 슬금슬금 땅으로 내려와 어제 먹이 활동을 했던 그 개활지를 지나 다음 조각 숲으로 향한다. 가까이서 보니 어린 새끼다. 어미와 같이 다녀야 할 나이에 왜 혼자 다닐까. 보통 오랑우탄은 새끼가 독립할 때까지 어미가 7~8년을 양육한다. 어미에게 무슨 일이 생긴 것이 틀림없다. 아랫동네 파인애플 밭에서 130여 발의 총격을 당한 오랑우탄처럼 인간에게 해를 당했을 가능성도 농후하다. 홀로 생을 이어가는 새

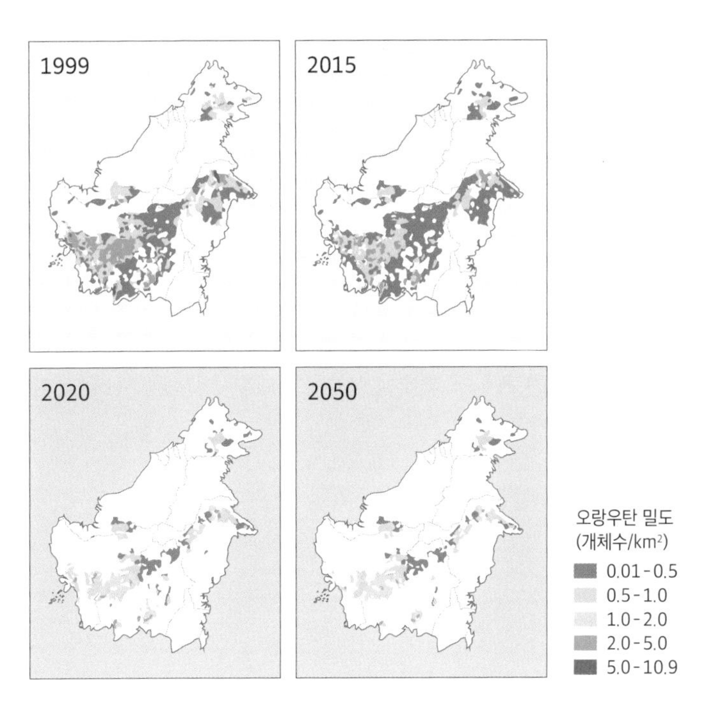

1999년부터 2015년까지의 오랑우탄 개체 밀도 분포와 2050년의 예측치. (자료: 막스 플랑크연구소)

끼를 쳐다보며 나는 측은함 이상의 감정을 느꼈다.

그 석탄 광산에서 생산하는 석탄은 세계 곳곳으로 수출되는데, 우리나라도 그중 하나다. 게다가 석탄 가격은 러시아의 가스 공급 축소로 유럽이 에너지 위기를 맞으면서 계속 치솟았다. 인도네시아 석탄을 확보하려는 국제 경쟁은 계속 뜨겁다. 석탄 광산은 더 넓어질 것이다.

막스플랑크연구소가 주도한 개체수 조사에 따르면 1999년부터 2015년까지 16년 동안 칼리만탄에서 오랑우탄이 10만

마리 이상 줄어 개체수 절반이 사라졌다. 이 추세라면 2050년까지 남은 절반의 절반인 4만 5000마리가 추가로 죽을 것으로 예측했다. 이마저도 별다른 악재가 발생하지 않는다는 가정하의 예상이다.

수도 자카르타가 포화상태에 이르자 인도네시아 정부는 칼리만탄 동부를 새 수도로 선정했다. 개발은 이미 시작됐고, 오랑우탄은 연구소의 예측보다도 더 빠른 속도로 사라질 위기에 처했다.

이 행성에 비인간 유인원을 위한 땅은 없다.

⚬ 활생

“1온스의 희망은 1톤의 절망보다 강력하다.”[•]

절망적인 상황일수록 우리는 희망을 찾는다. 그 희망이 정말로 상황을 타개할 해결책이 되려면 현실적인 동시에 강력해야 한다. 그 두 가지를 충족하는 개념이 바로 ‘활생’이다.

활생은 다시 자연의 힘에 기대는 것이다. 야생의 자연 속에 그 주인들을 불러들임으로써 자연 스스로가 잠재적으로 가진 치유력을 발휘하고 생명 다양성을 회복하는 것이다. 『활생』의 저자와 번역자에 따르면 지구의 놀라운 복원력은 일부 핵심종의 재도입만으로도 생태계 연쇄효과를 낳고, 기후 위

• 조지 몽비오 지음, 김산하 옮김, 『활생』, 위고, 2020년.

기를 완화하며, 신종 팬데믹의 가능성을 차단한다.

"자연이 알아서 제 갈 길을 찾아가도록 두고, 야생의 잠재력이 충분히 발휘되길 도모하는 것이죠." 한국 최초로 야생 유인원을 연구한 김산하 박사는 '활생'이란 개념을 국내에 소개했다. 영국의 동물학자 조지 몽비오가 쓴 *Feral*이라는 책을 '활생活生'이라는 제목으로 번역한 것이다. 'Feral'은 '야생의'라는 뜻인데, 저자가 말하는 'Feral'은 사라져가는, 혹은 사라진 동식물을 자연에 되돌려놓고, 이를 통해서 망가진 생태계를 복원하자는 의미로 다른 나라에서는 'Rewilding(재야생화)'으로 의역됐다. 널리 알려진 옐로스톤의 늑대 복원이 좋은 사례다.

1995년, 미국 옐로스톤 국립공원에 멸종된 지 70년 만에 늑대가 다시 도입됐다. 당시 넘쳐나는 붉은사슴이 풀을 모두 뜯어 먹어 개울가와 강변은 황량했다. 늑대가 오자마자 모든 것이 바뀌었다. 텅 빈 계곡이 사시나무와 버드나무로 덮이기 시작했다. 사슴에게 뜯어 먹혀 자라지 못했던 강변의 나무 일부는 6년 사이 키가 5배나 더 자랐다. 나무가 물에 그림자를 드리워 물고기나 동물들의 은신처를 제공하면서 야생동식물 군집을 바꾸었다. 늑대는 코요테를 잡아먹기 때문에 토끼나 쥐와 같이 작은 포유류의 수가 늘어났다. 이는 매, 족제비, 여우 등의 먹이를 증가시키는 결과를 가져왔다. 대머리독수리나 갈까마귀는 늑대가 먹고 남긴 사슴의 사체를 먹어 치웠고, 동물 사체나 관목의 열매를 먹는 곰의 개체수도 덩달아 늘었다. 단 한 종을 자연으로 되돌려놓았는데 생태적으로 수많은 변화가 일어난 것은 물론이고, 물리적 지형 자체도 바뀌었다.

이 과정이 누군가에게는 자연을 돌려놓는 '재야생화'지만 김산하 박사에게는 자연이 알아서 제 갈 길을 찾도록 하는 '활생'으로 보였다. 그 미묘한 차이는 무엇일까?

"재야생화는 단순히 야생을 복원한다는 것으로 상대적으로 좁은 의미예요. 재야생화에서 '재再'라는 첫 음절을 들은 사람은 의미를 헷갈리기 쉽죠. 원래 상태로 돌아간다고 생각하게 되거든요."

물론 원래 있다가 사라진 종을 어느 정도 되돌려놓는 것이 활생이지만, 중요한 점은 그 다음부터는 자연이 알아서 하게끔 둔다는 것이다. 재야생화라고 하면 용어에서부터 개념을 오해하는 사람이 생긴다. 심지어 그곳에 있던 포식자가 완전히 멸종했으면 그냥 같은 역할을 하는 다른 포식자를 풀어놓아도 괜찮다고 생각하는 이도 있을 정도다. 재야생화를 둘러싼 공론장에서 북미에다가 아프리카 치타를 복원하자는 주장이 나와 찬성과 반대가 맞선 적도 있다. 김산하 박사는 오해를 사기 쉬운 재야생화보다는 필요한 것만 제공해주고 인간이 물러선다는 의미에서 활생이라는 말이 훨씬 낫다고 판단했다.

생이 알아서 활력을 발휘한다는 개념은 『활생』의 작가 조지 몽비오의 동의를 받아 우리나라에서 활생이 됐다. 나는 이 책이 번역되기 전부터 '재야생화'라는 딱딱한 네 글자를 알고

"자연이 알아서 제 갈 길을 찾아가도록 두고, 야생의 잠재력이 충분히 발휘되길 도모하는 것이죠."

있었는데, '활생'이라는 두 글자를 접한 순간 더 간결하고 한 번 더 곱씹게 되는 느낌이 들어 반가웠다. 책이 나온 후 다른 사람들의 반응은 어땠을지 궁금했다.

"솔직히 말씀드리면, 활생이라는 단어 자체는 별로 확산 안 됐습니다. 그래도 개념 자체에 대한 반응은 조금씩 느껴요. 대중 강연 할 때 보면 그 콘셉트가 사람들에게 호소하는 게 있더라고요. 조지 몽비오가 쓴 것처럼 지금까지의 환경·생태 운동은 무엇에 대항해 싸우는지만 계속 말했지, 무엇을 위해 싸우는지 말해주지 않았어요. 뭐가 안 좋은지만 말할 게 아니라 뭐가 좋은지를 말해야 하는데, 그런 점에서 이 '활생'이라는 개념이 제격이죠."

대재앙의 시대를 살고 있는 우리에게 한줄기 빛처럼 나타난 활생은 비전을 제시한다. 미국 옐로스톤 국립공원 사례처럼 실제로 벌어진 기적 같은 이야기를 듣고 있노라면 인간이 저지른 잘못을 인간의 힘으로 바로잡을 수 있다는 사실을 깨닫는 데에서 한발 나아간다. 문명이 방향을 전환한 듯한 희망이 샘솟는다.

"20세기의 환경운동은 침묵의 봄을 예견했다. 지구 생명의 파괴가 한동안 계속될 것이 거의 확실시되었다. 활생은 소란한 여름의 희망을 이야기한다. 적어도 세계의 일부에서는 파괴적 힘이 생성의 힘으로 변모한 희망 말이다."•

서구 사회에서는 이미 힘을 얻고 있다. 자연 보존 과학자들과 할리우드 스타 리어나도 디캐프리오가 함께 설립한 글로벌 NGO인 'RE:WILD'는 토착민, 현지 공동체, 정부, 기업과 대중을 모아 우리에게 필요한 규모와 속도로 자연을 보호하고 본연의 상태로 돌아갈 수 있도록 애쓰고 있다. 영국, 네덜란드 등 유럽에서는 더 일찍 그 실험이 시작됐다. 우리나라에서는 국립공원공단이 반달가슴곰과 여우를 복원하는 등 멸종위기종을 재도입하는 측면에서 유사 사례가 있기는 하지만 활생의 철학과는 거리가 있다. 핵심종의 재도입에서 더 나아가 그 생태계가 활력을 발휘하려면 국가기관뿐 아니라 우리 모두의 노력이 필요하다.

"유럽에 여우가 많이 늘었어요. 도시 휴지통을 뒤져서 엉

• 조지 몽비오, 앞의 책.

망으로 만들기 일쑤데, 대부분 개나 고양이가 아니라 여우가 한 짓이에요. 저도 영국에 체류할 때 여러 번 봤어요. 런던에서 한번은 대낮에 여우가 집 안으로 들어가 잠자고 있는 어린애 손가락을 물어뜯은 적이 있어요. 다행히 그 아이는 살았죠. 한국이라면 어땠을까요? 여우를 다 없애자는 목소리가 클 겁니다. 영국 사회는 안타까워하긴 했지만, 그런 여론은 형성되지 않았어요. 그냥 넘어갔어요."

김산하 박사의 말에 짐짓 고개를 끄덕이게 된다. 나는 〈이것이 야생이다〉라는 생태 프로그램을 2017년부터 2022년까지 세 시즌 동안 제작했다. 강원도 산간지방부터 지리산, 최북단 백령도까지 산과 바다를 헤맸는데 사실 '이것이 야생이다'라고 할 만한 지역 생태계가 마땅하지 않아 애를 먹었다. 취재를 하며 전국 곳곳의 사람들을 만났는데, 야생에 호의적이지 않은 태도를 꽤 느꼈다. 좁은 국토에 5000만 명 넘는 사람이 살 땅도 부족한데 무슨 야생동물이냐는 생각이 만연하다. 멧돼지와 고라니 같은 유해야생동물을 주인공으로 해서 방송이 나가면 시청자 항의가 매번 이어졌다. 이런 우리나라에서 생명다양성을 말한다는 것은 무슨 의미일까. 생명다양성재단 대표이자 사무국장인 김산하 박사는 할 말이 많다.

비주류 목소리

'산과 강'이라는 뜻의 이름을 가진 김산하 박사의 박사 논문 주제는 유인원 기번의 먹이 섭취 전략이었다. 기번은 다른 유인원과 달리 일부일처의 가족 형태를 이루고, 인간의 음악에 비견될 정도로 훌륭한 노래 솜씨를 뽐낸다. 주로 태국, 인도네시아, 말레이시아, 중국 남부 등에 서식하는데 어찌나 쩌렁쩌렁하게 노래를 부르는지 멀게는 6.5킬로미터 밖에서도 들릴 정도다. 기번의 노래가 들리지 않는다면 그 숲이 죽은 것이라고 말할 정도로 아시아 열대우림에서 기번의 노래소리는 당연한 풍경이다.

우리나라에 그 기번을 관찰하고 분석하는 세계적인 연구기관이 있다. 이화여대 영장류인지생태연구소는 김산하 박사가 2005년에 최초로 인도네시아 구눙할리문살락 국립공원을 답사한 이후 지금까지 계속 현장 연구센터를 운영하고 있다. 나는 자연 다큐멘터리 제작차 그곳과 태국 밀림을 드나들었다.

나무 위에서 생활하는 기번 가족은 우리와 별반 다르지 않았다. 처음엔 카메라를 든 낯선 인간 유인원을 경계하며 멀리 떨어진 곳에서 머물며 거리를 둔다. 조금 지나자 호기심이 강한 청소년 개체가 나에게 다가와 관찰을 시작한다. 어떨 때는 내 위에 와서 볼일을 보고 가는 등 심한 장난을 친다. 부모는 무심한 표정으로 서로 털을 골라주며 유대감을 확인하거나 부부의 듀엣 노래를 부른다. 부부 사이가 좋을수록 노래를 더 자주 더 길게 부른다. 하루는 폭우가 쏟아지고 난 뒤 날이 개자, 한 녀석이 감기에 걸린 듯 연신 재채기하는데 너무 사람 같고 귀여워 한참을 웃었다.

내가 주로 따라다닌 녀석은 서른세 살의 쳇이라는 수컷이었는데 나와 나이 차이도 얼마 나지 않았다. 촬영 기간이 1년 가까이 되자 마치 날 안다는 듯 편하게 행동했다. 7미터 남짓 거리까지 가까이 와줬을 땐 세상에 녀석과 나밖에 없는 기분이 들었다. 내가 쳇을 쳐다보면 그 시선을 인식하고 쳇이 나를 쳐다본다. 나와 같은 눈코입을 가진 존재와의 교감. 그 순간 연결감이 증폭된다. 나 또한 유인원이고, 이 지구의 생명체 중 하나라는 사실을 새삼 자각한다. 나는 그들과 연결돼 있다.

김산하 박사가 가장 많이 받는 질문이 '왜 대한민국에서 사는 우리가 지구 반대편 인도네시아의 유인원을 알아야 하나요?'다. 인도네시아에서 돌아온 지 얼마 안 됐을 때 그는 친절하게 대답했다. 아마존이 지구의 허파라면 인도네시아 우림이 아시아의 허파다, 우리나라에서 쓰는 목재와 팜유 등이 거기서 온다, 기번은 우리와 같은 유인원으로 생물학적 기원을 공유하고 있고 식물의 씨와 꽃가루를 옮긴다 등등. 하지만 이제 그는 참을성이 많이 없어졌다. 15년이 넘는 시간 동안 한국 사회가 많이 바뀌었는데 질문은 바뀌지 않는다. 이제 김산하 박사는 같은 질문을 받으면 반문한다.

"질문이 잘못됐습니다. 제가 물어볼게요. 왜 우리가 우크라이나-러시아 전쟁을 알아야 할까요? 왜 유명인의 결혼 소식을 알아야 할까요? '왜'라는 질문 속에 세상 모든 것을 다 넣을 수 있어요. 웬만한 것은 질문하지 않으면서 왜 유독 지구의 문제에 대해선 굳이 내가 알아야 하냐고 묻는지 생각해봐야 합니다. 질문 속에 답이 있습니다."

김산하 박사는 질문을 바꾸고 싶다. 왜 우리가 부끄러워하지 않는지 되묻고자 한다. 지구의 문제가 국경을 초월한 행성적 문제이고 우리 모두가 공동 운명체인데, 왜 우리는 모르는 것을(모른 체 하는 것을) 부끄러워하지 않을까? 그는 생명다양성에 대한 질문을 받을 때 너무 당당한 사람들의 태도를 공통적으로 발견한다. 중요하지 않은 것이라면 그럴 수 있다. 하지만 그가 보기에 생명다양성은 모르는 것이 당당한 분야가 아니다.

김산하 박사는 질문을 바꾸고 싶다.
왜 우리가 부끄러워하지 않는지 되묻고자
한다. 지구의 문제가 국경을 초월한
행성적 문제이고 우리 모두가
공동 운명체인데, 왜 우리는 모르는 것을
부끄러워하지 않을까?

지구의 주류 기관인 유엔은 지난 2011년부터 2020년까지를 '생명다양성의 10년'이라고 정했다. 국제사회에서는 생명다양성이 중요하게 이야기되고 있는데, 우리나라에서는 '생명다양성의 10년'이 지정된 사실조차 알려지지 않은 상태로 지나가버렸다. 물론 개인이 그런 소식을 모르는 것은 언론의 무관심과 구조적 요인 탓도 있겠지만, 태도는 개인적 차원의 문제다. 모르면 인지하고 빨리 쫓아가려 하는 게 바람직할 텐데, 여전히 사람들은 뒷짐을 지고 '내게 조금 더 와닿도록 나를 설득해봐'라는 자세를 취한다. "거칠게 말하면 기초 교양이 없는 것을 만천하에 드러내는 행위인데도 불구하고 계속 똑같은 질문을 하고 있는 거죠. 그것부터 반추하고 제대로 된 질문을 하기 시작해야 한다고 생각합니다."

인터뷰를 진행하며 김산하 박사의 화가 느껴졌다. 사회에 대한 답답함을 넘어 분노로 감정이 넘어간 것은 사회를 바꾸기 위해 계속 목소리를 냈기 때문이다. 2011년 박사 논문 발표 이후 생명다양성재단 사무국장으로 일하며 재단의 연구 사업을 진행하고, 다른 단체와 연계해 '동물축제 반대축제(2018년)', '쓰레기와 동물과 시(2019년)' '동물당 매니페스토(2020년)' 전시 등 기후, 동물, 생태계 이슈에 대한 활동을 진행했다. 최근인 2022년에는 '환상학교'라는 프로젝트로 성장에 대한 환상, 부동산에 대한 환상, 야생 등에 관한 강연과 대담을 진행했다. 특히 '동물축제 반대축제'는 산천어 축제, 송어 축제, 빙어 축제, 나비 축제, 고래 축제 등 국내에서 열리는 여러 동물 축제에서 과연 동물은 행복한지, 이대로 괜찮은 건지 화두를 던져 사회적 반향을 일으켰다. 그렇게 이슈화가 될 때도 있지만 안 될 때가 더 많다. 그 시간이 누적될수록 이슈화의 최전선에 있는 이들의 감정은 소진되기 십상이다.

"PD님도 그러시잖아요. 시의성 있고 차별화된 것을 제공했다고 생각하는데 반응이 약할 때는 지치죠. 제가 생각할 때는 별로인 콘텐츠에 사람들의 관심이 몰려 있다는 걸 생각하면 화가 나요. 지구적 문제에 사람들의 관심이 조금 오르긴 했지만 아직도 주류에 진입하지 못하고 있으니까요."

속내를 밝히자면, 분노까지는 아니고 답답하고 안타깝고 미안한 마음이다. 사람들의 관심을 더 많이 끌 수 있는 프로그램을 기획하면 나아질까? 방송국 다큐멘터리가 두 자릿수 시청률을 기록한 건 한참 전의 일이다. 어릴수록 텔레비전도 잘 안 본다. 다매체의 넘쳐나는 콘텐츠의 숲에서 비주류 목소리가 쩌렁쩌렁 울리기 어렵다.

"한국은 생명다양성에 대한 사회적 의식이 세계 꼴찌라고 생각해요. 진짜 우리나라보다 낮은 데는 제가 경험한 바로는 없습니다." 가령 대한민국은 탄소 소비의 절대량이 전 세계 10위권을 거의 벗어난 적이 없는데, 20위 안에서 우리나라와 비슷한 규모로 작은 나라는 없다. 한국은 탄소 배출뿐 아니라 원자재 수입 등 자원 사용이 웬만해서는 전 세계 10위 안에 드는데도 불구하고 한국인 대부분은 그것을 모른다. 미국인, 중국인이 자기가 그 정도의 영향력이 있는 나라에 살고 있다는 걸 아는 것과 대조적이다. 국내에는 11월에도 에어컨을 켜는 사람이 꽤 있다. 거리에는 과도한 가지치기로 인해 가로수가 닭발처럼 앙상하게 기둥만 남은 풍경이 기이하게 다가온다. 자연적인 조건을 수용하지 못하고 초인공적인 조경의 도시에서 살아가는 우리의 자화상이다.

"저는 이제 설득하는 시간도 아까워서 그냥 들이대요. 예의를 갖추면서 외치기 힘든 세상에서 좀 센 말을 하고 싶어요. '지나치게 에어컨을 켜는 것은 당신의 자녀를 에어컨 실외기 앞에 앉혀놓는 것이다'와 같은 말이요."

김산하 박사만 그렇게 느끼는 것이 아니다. 오죽하면 『우리 일상을 바꾸려면 기후 변화를 어떻게 말해야 할까』* 같은 제목의 책이 출판될까. 사회과학자 리베카 헌틀리 박사는 그

책에서 분노와 공포, 슬픔, 희망, 수용, 부정 등 끝없는 감정의 롤러코스터를 타고 있다고 고백한다. 많은 학자와 활동가들의 상황이 비슷할 것이다. 7년 전쯤, 김산하 박사를 처음 만났을 때 그는 그렇게 거친 표현을 쓰는 사람이 아니었던 것으로 기억한다. 이제 그는 화를 감추지 않고 거침없이 말한다. 기후 위기에도 불구하고 행동하지 않는 건 자신의 자녀를 에어컨 실외기 앞에 앉혀놓는 거라고.

• 원제는 『*How to Talk About Climate Change in a Way that Makes a Difference*』이며 국내에는 『기후변화, 이제는 감정적으로 이야기할 때』(양철북, 2022년)라는 제목으로 번역되었다.

° 예술품이 된 플라스틱 돌

서울특별시 마포구 상암동에 위치한 '점점점점점점'은 전시와 식음료 판매를 같이 하는 공간이다. 2022년 4월 15일에 찾은 이곳에는 기괴한 형상의 돌들이 눈높이에 맞춰 늘어서 있다. 마모되고 쪼그라든 양식장 부표가 벽에서 날 삼킬 듯한 표정으로 쳐다보는 낯선 풍경. 바로 플라스틱이기도 하고 돌이기도 한, 'New Rock'이다. 뉴 락은 작가 장한나가 직접 대한민국의 바닷가에서 채집한 자연화된 플라스틱을 기록하고 사람들과 소통하는 프로젝트다.

예술의 이름으로 전시된 플라스틱 소재들을 보다보니 '인류세'의 증거로 내가 찾아다녔던 플라스틱 암석, '플라스티글로머레이트Plastiglomerate'가 떠오른다. 하와이 해변에 떠밀려 온 플라스틱 쓰레기가 활화산의 마그마를 만나 생성된 인류세의 암석. 플라스틱 쓰레기 섬이라고 알려진 북태평양 거대 쓰레기 지대를 발견한 미국의 찰스 무어 선장은 이 신종 암석 플라스티글로머레이트의 존재를 세상에 알렸고, 인류세 학자들은 이를 인류세의 증거로 지목했다. 네덜란드 헤이그에 위치한 자연사박물관은 38억 년 전, 28억 년 전 암석들과 함께 2010년에 하와이에서 발견한 플라스틱 암석을 함께 전시하기도 했다. 미국과 네덜란드에서 직접 봤던 신종 암석을 서울의 일상적 공간에서 보게 될 줄은 몰랐다. 대한민국에도 플라스틱 암석이 있을 줄이야! 차이가 있다면 서울에 전시된 뉴 락이 더 다양한 형태의 플라스틱 돌을 포괄한다는 것이다.

"바다의 민낯이죠. 플라스틱과 자연물의 경계가 사라져버려서 그 중간에 있는 것들을 다 수집한다고 보면 됩니다. 플라스틱과 자연 암석의 결합뿐 아니라 파도나 바람에 의해서 마모가 되는 스티로폼, 플라스틱 안에 생명체가 살면서 생겨난 생태계인 '플라스티스피어plastisphere'까지 다 포함하죠."

장한나 작가는 제주도, 경상북도 울진, 전라남도 신안, 강원도 양양, 인천광역시 등 전국 곳곳에서 뉴 락을 수집하고 있다. 2023년 기준으로 벌써 7년째다. 그녀가 이 프로젝트를 시작한 계기는 어느 날 갑자기 찾아온 위기감이었다. "후쿠시마 원전 사고가 터지고 나서였죠. 그 사고 후에 진짜 내 삶이 바뀔 수 있고, 당연하게 생각했던 일상이 무너질 수 있다는 것을 체감했어요."

원자력에 대해서 나름대로 공부하고 환경 관련 서적을 읽으면서, 점점 안 보이던 것들이 보이기 시작했다. 『물건 이야기』*에는 자고 일어나면 거리의 쓰레기가 마법처럼 싹 사라지는 현상을 묘사한 부분이 있는데 자신이 사는 마포구도 마찬가지였다. 저녁 무렵 빌라 골목골목 쌓여 있던 쓰레기봉투가 아침이면 사라지는 것이 갑자기 신기하게 느껴졌다. 그래서 일 년 동안 쓰레기 차를 추적하는 프로젝트를 했다.

쓰레기를 따라다니다보니 그중 많은 양을 차지하는 플라스틱이라는 물질 자체에 대한 관심이 커졌다. 그러다 제주 바다에서 쓰레기를 수집하게 됐고, 자연화된 쓰레기가 눈에 보였다. '뉴 락 프로젝트'는 그렇게 시작됐다. 2020년의 코로나19 팬데믹 이후 뉴 락 전시가 크게 주목받았고, 이제 뉴 락은 예술의 전당 등 많은 공간에서 대중과 만나고 있다. 예술 작품이 된 플라스틱 쓰레기는 내가 만드는 방송의 그것과는 다른 힘이 있다. 있는 그대로, 별다른 설명 없이 일상적인 공간에서 낯선 비주얼로 그것을 보러 온 이에게 말을 건다.

"보러 오신 분들이 '어?', '어!' 하면서 관람해요. 거부감 없이 보는 게 좋아요. 하지만 보고 나면 찝찝함을 가지고 전시 공간을 나서죠." 그 약간의 불편한 감정을 주는 것이 작가의 의도다. '왜 한국 사회는 지구적 위기를 외면할까?'라는 나의 문제의식은 그녀가 오랜 시간 고민한 부분과 상통했다.

"한국에서 석유산업이 중요하단 사실이 너무 충격적이었

* 애니 레너드 지음, 김승진 옮김, 『물건 이야기』, 김영사, 2011년.

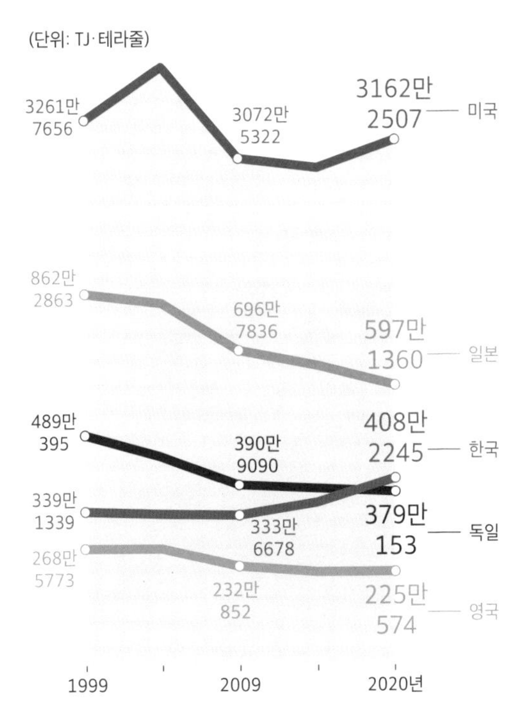

우리나라와 주요국 석유 사용량 추이 비교 그래프. (자료: 국제에너지기구)

어요. 우리나라의 국익 차원에서 보면 석유산업은 필수죠. 2021년 기준으로 달러를 벌어들이는 수익이 반도체 다음으로 석유화학에서 와요. 3위인 자동차 판매보다 높아요. TV 뉴스를 보면 동시간에 석유산업 호황 기사와 바다거북이 코에서 빨대를 뽑는 영상이라던가 플라스틱 재활용 가격 폭락으로 인한 비닐 대란 같은 기사가 같이 나갈 때가 있어요. 그 사이의 연관성을 찾는 이가 적다는 것, 무신경한 사람이 많다는 것이 충격적이었죠"

(사진: 장한나)

"이 프로젝트는 계속될 거예요.
플라스틱 돌은 계속 나올 테니까."

(사진: 장한나)

세계 5위의 원유 수입국. 석유에서 뽑아낸 플라스틱 원료인 나프타를 절반은 국내에서 사용하고 절반은 수출하는 나라. 그렇게 2021년에만 550억 달러, 70조 원 넘는 금액을 벌어들인 나라. 우리보다 인구수가 더 많은 영국이나 독일보다도 석유를 더 많이 사용하는 국가. 세계적인 석유 사용량 감소 추이를 역행하는 몇 안 되는 나라. 우리는 그런 곳에서 살고 있다. 여기서 딜레마가 발생한다.

석유화학이 주력 산업인 대한민국에서 경제 성장과 지구 위기 담론은 양립하기 어렵다. 물론 석유화학 업체들의 바이오플라스틱 개발과 그린 뉴딜이라는 국가 산업 차원의 노력이 발을 뗐지만, 근본적 문제를 해결하기에는 시간이 부족한 상황이다. 지구 차원의 위기를 제대로 논하려면 누군가가 희생을 감수해야 하는데, 자본주의 시스템에서 경제적 손해는 금기어고 자유주의 사회에서 욕망의 절제는 터부시된다.

"저는 둘 중에 하나라는 결론을 냈어요. 하나는 이게 진짜 내 문제로 엄청나게 절실하게 갑자기 느껴지는 순간이 딱 와야 해요. 그래야 바뀌죠. 코로나19 이후 그렇게 되는 분들을 몇 분 봤어요. 비건이 된 분들도 늘었고요. 두 번째는 주변의 지인이든 SNS를 통해서든 일상에서 지구의 위기에 대한 이야기를 자꾸 접하며 조금씩 바뀌는 거죠. 결론은 뻔하지만, 진짜 내 일로 갑자기 느껴지는 순간, 혹은 계속 접하며 조금씩 그냥 익숙해지는 것. 그 두 가지더라고요."

그래서 장한나 작가는 지금도 한 달에 6~7번은 바다로 향한다. 더 신기한 뉴 락을 채집하며 컬렉션을 늘려나간다. 태풍이 지나가고 나서 바닷가에 플라스틱 쓰레기가 많이 몰렸다는 소식을 접하고 급하게 전남 신안 앞바다로 출장을 간 적도 있다. 한데 지자체에서 수억 원을 들여 해안 청소를 하는 바람에 졸지에 빈손이 될 뻔했다. "정말 재밌었던 건, 청소하시는 분들이 각 잡고 치운 게 보이는데 정작 플라스틱이 변형된 뉴 락은 하나도 안 치웠더라고요. 얼마나 자연 상태의 돌처럼 보였으면 그랬을까요. 돌맹이처럼 보이는데 가서 보면 다섯 개 중 하나는 제가 수집하는 뉴 락일 정도로 많았어요."

그렇게 거친 일련의 시간은 그녀를 남들이 보지 못하는 것을 보는 눈을 가진 작가로 만들었다. 장한나 작가의 계속되는 작업은 어떤 이에게는 엄청나게 절실한 문제로, 많은 사람들에게는 일상에서 조금씩 접하게 되는 자연스러운 이벤트 중 하나로 다가가고 있다.

"이 프로젝트는 계속될 거예요. 플라스틱 돌은 계속 나올 테니까."

∘ 기후 우울을 이기는 만화

내가 쓰고 버린 플라스틱이 돌덩이가 되어가는 세상. 내가 누리는 경제 시스템의 풍요가 지구 시스템을 고장내 파국으로 흘러가는 시대. 재난적 상황은 우리의 마음을 다치게 한다. '기후 우울'은 기후 위기로 인한 걱정으로 불안, 슬픔, 무력감 등 정서적 고통을 겪는 우울 장애다. 세계보건기구WHO는 "빠르게 변하는 기후를 보면서 사람들은 두려움, 절망, 무력감을 강렬하게 경험한다"라고 2021년 밝혔다. IPCC 제6차 보고서 제2실무그룹 보고서(2022년)도 기후 위기가 정신 건강에 악영향을 끼치는 것을 최초로 밝혔을 정도로 공식화되고 있다. 2008년에 호주에서 극심한 가뭄이 한창일 때 물을 거부한 17세 소년이 있었다. 자신이 물을 마시면 수백만 명이 죽을까 봐 두려워한 소년을 주치의는 '기후 변화 망상'이라고 진단하고 항우울제를 처방했다. 이유를 묻자 소년은 죄책감을 느꼈다고 말했다.

『우리가 구할 수 있는 모든 것』에 이 사연을 쓴 미국의 작가이자 기후행동가 애쉬 샌더스 역시 기후 우울을 앓았다. 2009년의 코펜하겐 유엔기후변화협약 당사국총회가 실패로 돌아가자 그는 상실감과 불안, 분노, 두려움, 죄의식을 강하게 느꼈고, 그것을 극복하기 위해 본인만의 규칙을 만들었다. 강추위에도 히터를 켜지 않고, 플라스틱을 사용하지 않는 대신 일주일 동안 쓰레기를 들고 다니며 뭘 먹고 썼는지 사람들에게 전시했다. 직접 행동으로 체포되기도 하고 무급으로 주 50시간을 일하며 더 적극적으로 바뀌지 않는 세상에 맞섰다.

그는 그렇게 지낸 8년 동안 과로와 스트레스, 불안으로 큰 타격을 입어 인간관계가 악화됐고 건강까지 잃었다. 결국 우울증 진단을 받고 뉴욕 북부의 오두막으로 피신해 세상과 단절한 채 5년 간 번아웃을 감당하며 심리치료를 받았다.

기후 위기로 인한 정신적인 피해는 복잡한 심리 상태에 대한 각자의 경험을 기후와 관련해서 명확하게 정의할 수 없어, 이해와 입증이 어려울 수 있다. 코로나19로 인한 우울감과 시기적으로 겹치기도 한다. 하지만 멀리 미국과 호주의 극단적인 사례가 아니더라도 우리 주변에서 기후로 인해 불안감을 경험했다는 평범한 사람이 상당하다. 웹툰을 그리는 구희 작가 역시 본인의 작품 〈기후위기인간〉에서 기후 우울을 고백한다.

『기후위기인간』, 구희 지음, 알에이치코리아

파란 방에 혼자 있는 듯한 기분. 작가는 심리 상태를 그렇게 묘사했다. 어두운 채도의 공간에 외롭게 있는 듯한 감정이 웹툰의 그림과 더불어 스크린 너머의 나에게 전달됐다. 실제로 만나본 그녀는 그 우울한 감정의 시작이 분노였다고 말한다. 처음에는 세상사에 화가 나다가, 화를 내봐야 해결되지 않는다는 무기력감이 찾아오고, 뒤이어 모든 것을 회피하고 싶은 마음이 이어졌다. "귀 닫고 싶다. 차단하고 싶다. 그래서 집에, 방에 혼자 있는 시간이 길어지고, 만나는 사람의 수도 줄어들고, 카카오톡 메신저도 안 보게 되는 시간이 심할 때는 2개월 정도 이어졌어요."

폭염, 장마, 미세먼지로 발송되던 재난 발생 문자는 코로나19 발병 이후 일상이 되었다. "삑삑삑삑" 예상할 수 없는 타이밍에 전 국민의 휴대폰이 일제히 경고음을 낸다. 주머니 속에서 울리는 그 굉음과 진동은 지금이 재난의 시대라는 것을 직접적으로 통지해준다. 대학이라는 울타리를 떠나 사회생활을 시작하는 이들은 감정적으로 더 취약하다. 신분이 바뀌는 불안함에 시대가 주는 불안함까지 감당해야 한다. 나 또한 대학에서 졸업을 유예하며 취업을 준비하던 시기에 지구적 문제에 대한 관심이 커졌는데, 구희 작가 역시 당시의 내 상황과 비슷한 처지였다.

"미대를 졸업하고 진로가 굉장히 불안했어요. 동화책 작가를 하고 싶어 공모전 준비를 여러 번 했었는데 그러다보니 더 현실 자각 타임이 찾아오더라고요. 아이들의 감각을 살려주기 위한 동화를 그려야 하는데 책에 나오는 동물 캐릭터들을 보면 자꾸 비관적인 생각이 들었어요. 동물이 멸종하고 있고, 미래가 없다는 생각이요. 현실은 이렇게 암울한데, '나의 창작물이나 행동들이 대체 무슨 의미가 있을까'라는 생각이 들더라고요."

답답하고 화나고 뭔가를 꺼내어 창작하고 싶은데 잘 표현이 안 돼서 눈물이 나는 상황. 그녀는 고립된 상황을 자처하며 우울의 시간을 보냈다고 한다.

"그때 문득, 내 몸이 위아래로 크게 들썩이는 것이 느껴졌습니다. 심장도 무척 큰 소리로 뛰고 있었습니다. 나는 더욱 살아 있고 싶어졌습니다. 적어도 살아 있는 내 스스로를 속이는 삶은 살고 싶지 않아졌습니다."-〈기후위기인간〉 중

이것만 하고 그만두자는 마음으로 시작한 웹툰 연재는 사람들의 공감을 샀다. 만화에 등장하는 캐릭터 '구희'는 작가의 실제 모습을 반영한 자전적 캐릭터다. 혼자서 북 치고 장구 치고 때론 모순적인 태도도 보이는 웹툰 주인공 구희의 일상에 사람들은 애정을 보였다. 에피소드가 현실적일수록 더 많은 댓글이 달렸다.

"기후 우울은 다른 사람들에게 털어놓기도 어려워요. 복잡하고 매우 개인적인 감정이니까요. 그런데 이걸 만화에서 다뤄주니, 환경에 관심 있는 독자들이 너도나도 공감을 표현해 주면서, '나만 그런게 아니었구나' 하는 유대감을 느끼셨던 것 같아요."

댓글에는 자신도 무기력함을 겪었다는 이들이 꽤 된다. 그들의 반응을 보면서 현실의 구희 작가는 어떤 감정이 해소되는 것을 느꼈다고 한다. 자신의 우울한 감정을 이기기 위해 그리기 시작한 만화는 사람들의 공감을 사며 작가 개인의 작

『기후위기인간』, 구희 지음, 알에이치코리아

품에 머물지 않고 사회적 커뮤니케이션 도구의 역할을 했다. 독자의 피드백 덕분에 이어간 시즌2는 엮여서 단행본으로 출간되었으며, 시즌3 또한 준비 중이다.

〈기후위기인간〉에서 인상적인 에피소드 중 하나는 미술학원에서 실제로 아르바이트를 하던 작가의 경험담이다. 바다를 그리라고 하면 원생들이 쓰레기가 가득하고 산호초가 죽어가는 바다의 이야기를 꺼낸다. 도시를 상상해보라고 하면 멸망하는 미래가 담긴 룰렛판을 그린다. 그들은 모두 초등학생으로, 멸망 룰렛판을 그린 원생은 2학년이다. 팬데믹 이후 초등학교에 입학한 그 2학년생은 입학식과 야외 운동회 없이 스크린 너머 원격 수업으로 선생님과 친구들을 만나고 밖을 돌아다닐 때도 마스크를 쓰며 세상을 마주하고 있다. 그들의 입에서 멸망과 쓰레기와 죽어가는 산호초가 나오는 것은 이상한 일이 아니다. 아이들이 더 잘 알고 있다.

이제 만화는 구희 작가에게 소통의 도구다. 세상을 향한 자신의 마음을 표현하고 본인이 찾은 정보를 담는다. 다른 만화와 달리 〈기후위기인간〉에는 유독 숫자가 많이 등장한다. '현대인은 하루 평균 폰을 500번 들여다본다', '서울 벚꽃 관측 이래(1922년) 올해 벚꽃 개화가 가장 빠르다', '전 세계인이 동물성 식품을 근절하면 2018년 기준 전체 온실가스 371억 톤의 약 22퍼센트를 줄일 수 있다' 등 통계와 과학 정보를 만화 속에 녹여내며 어렵고 복잡한 지구 문제에 대해 쉬운 접근을 허용한다. 같은 콘텐츠 제작자로서 숫자를 다루는 작업의 고충이 짐작된다. 잘못된 정보를 제공하면 안 되기 때문에 수치를 넣을 때는 리서치를 더 집요하게 해야 하고 정보 확인도 두 번 세 번 하게 된다.

"머리는 아파요. 어떤 정보가 더 공신력 있을지, 어떤 자료가 사람들에게 더 명료하게 전달될지 고민하죠. 그런데 공부하는 것 자체가 재밌고 그것을 전달했을 때의 독자 반응이 좋아서 계속 즐겁게 하고 있어요." 때로는 상이한 데이터들이 있어 자료조사가 오래 걸릴 때도 있다. 하지만 자신의 눈높이로 구희라는 캐릭터를 통해 친근하게 독자에게, 그리고 세상에게 말을 건다. 그렇게 〈기후위기인간〉은 기후 우울을 이기는 만화로 자리매김했다.

"기후 위기. 환경보호. 사람 마음을 불편하게 하는 단어다. 멀쩡하게 잘 사는 내게 현실을 들이민다. 솔직히 모른 척 하고 싶다. 살던 대로 사는 게 편하니까. 그러나 이전의 모르던 나로 살 수도 없다. 나는 어디까지 외면할 수 있을까? 기후 위기 시대, 나에겐 두 가지 선택지가 있다. 내가 살던 그대로 사느냐. 알게 된 만큼 변화하며 사느냐. 방향을 선택하는 건 전적으로 내 자신이다. 당신은 어떤 길을 택하시겠습니까?"
–〈기후위기인간〉 중

4장

인류세 시대를 살아가기

◦ 무해의 욕망

지금 한국 사회를 드러내는 용어는 뭘까? '인류세'는 후보에도 못 낄 것이다. 그래서 이 책을 쓰고 있으니까. 다시 답을 찾아보자. 이를테면 2002년에 대히트한 "여러분 모두 부자되세요~!"라는 신용카드 광고 카피는 국민 모두 부자가 되고 싶어 하는 욕망, 즉 '성공'이라는 단어로 IMF 외환위기 이후 한국 사회의 신자유주의를 함축했다.

사회학은 그런 단어를 감지하고 해석하는 분야다. 김홍중 서울대 교수는 '무해'라는 평범한 단어가 이 사회를 조명탄처럼 비추어준다고 말하는 사회학자다. 그의 주장처럼 어느 순간부터 '무해'라는 단어가 많이 보이기 시작했다. 무해한 삶을 다룬 책들도 여러 권 있고, 방송도 있다. 플라스틱을 사용하지 않는 제로웨이스트 운동, 육식을 하지 않는 비거니즘 등이 생각난다. 한데 그렇다고 그것이 "여러분 모두 부자 되세요~!"처럼 시대 정신을 보여줄 수 있을까? 그는 대체 왜 '무해'에 주목하게 되었을까?

"'무해'가 약하다고 생각하면 '가해'를 떠올리면 돼요. 강남역과 신당역에서 벌어진 살해 사건, 세월호 참사, 플라스틱을 먹고 죽은 태평양의 알바트로스, 호흡기를 통해 전파되는 감염병, 기후 위기 등을 떠올려보세요."

언급된 사건들의 희생자인 여성, 학생, 동물, 불특정 다수의 사람, 불특정 다수의 생명체를 생각하다 보면 '무해'는 결국 안전하고 싶은 욕망이라는 것을 어렴풋이 알게 된다. 피해에 대한 공감이 가해에 대한 분노로, 그 분노가 무해에 대한 의지로 바뀐 것이다. 김홍중 교수는 '무해'가 사회적으로 떠오른 것은 젊은 세대가 베이비부머 등 IMF 외환위기 당시의 기성세대와 다르기 때문이라고 말한다.

"한국의 20세기를 이해하는 가장 중요한 키워드가 '생존'이죠. 우리나라처럼 생존을 위해 모든 가치를 변형시킨 사회가 없어요." 자본주의, 공화주의, 민주주의 등 많은 개념들이 한국에 들어올 때 생존과의 연결성 속에서 기능적 변형을 겪는다. 식민 지배, 한국 전쟁, 분단을 겪으며 고생했는데, 또 당할 수는 없다는 생존 의식이 20세기를 지배한 것이다. 지금 당장 한국 사회의 생태 감수성이 낮고 인류세 담론이 더 확산하지 못하는 것에도 그런 배경이 있다. 어떤 억울함이라고 해야 할까. 지겹게 당해서 이제 좀 발전하려고 하는데 선진국,

강대국들이 지구를 망쳐놓고는 갑자기 고치겠다며 북 치고 장구 치는 것에 대한 분개심으로 볼 수도 있다. 인구수가 많은 중국이나 인도보다는 지구에 끼치는 영향이 적다는 셈도 있을 것이다.

지금의 젊은 세대는 다르다. 경험이 달라서인지 도덕적으로 분명히 다르다. 그 다름을 김홍중 교수는 '무해'로 파악한다. 무해라는 단어 안에서 도덕성과 합리성을 본다.

김홍중 교수와 이야기를 나누다 보니, 그의 대답에 왜 우리가 지구의 위기를 외면하는지에 대한 진단이 포함돼 있다는 것을 알게 된다. 생존의 욕망이 지구의 위기를 우선순위에서 밀어냈다면, 무해의 욕망은 지구의 위기를 우선적으로 생각하는 마음임과 동시에 지구의 문제를 해결하려는 태도다. 나의 안전을 확보하고 싶은 마음임과 동시에 다른 존재에게 해를 끼치지 않으려는 태도다.

그런데 어쩐지 의심이 든다. 제로웨이스트를 실천하고 고기를 먹지 않는 것이 중요하긴 하지만 지구의 문제를 해결하기에는 충분하지 않다. 무해의 마음이 혹시 '착한 소비자 운동'에 이용되어 개인적 실천에 매몰되느라 지금의 사회체제를 용인하는 결과를 낳는 것은 아닐까 하는 우려가 생긴다. 자본주의는 개인의 순진함을 파고드는 교활한 시스템이니까.

"조롱받기 쉬운 욕망이죠. 가혹한 현실 세계에서 무해의 욕망은 철부지 같은 생각으로 치부될 수도 있습니다. 남다르게 산다는 허위 의식으로 읽힐 수도 있어요."

무해의 시대는 고통이 회피되는 시대가 아니라, 이제껏 인정되지 못했던 새로운 고통을 기왕의 것들과 연결하는, 강인하고 질긴 망이 엮어지는 시대다.

실제로 1980~2000년대에 출생한 이들을 'MZ세대'라고 통칭하며 세대 간 구분 짓기를 즐기는 사람들이 있다. 그들은 MZ세대가 IMF와 같은 큰 경제 위기 등 그들이 인정할 만한 어려움을 겪어보지 않아서 그렇다며 세대적 배경을 비난하기도 한다. 그런 시각이라면 무해하고자 하는 마음이 세상 물정 모르는 겉멋 정도로 보일 것이다. 하지만 김홍중 교수는 무해의 가능성을 그렇게 제한적으로 생각하지 않는다. 왜냐하면 그가 2008년 미국산 소고기 수입 파동부터 최근의 코로나19 방역 정책까지 15년 동안의 한국 사회의 진행 방향을 규정하는 단어를 찾고 있을 때 무해가 나타났기 때문이다. 사회학자로서 어려운 개념을 가지고 답할 수도 있겠지만, 이 평범한 단어가 우리의 욕망이 과거와 다르게 진화하고 있다는 것을 드러낸다고 확신했다.

"무해에서 희망이 보입니다. 지금의 한계적 상황을 뚫고 나가기 위한 에너지가 느껴져요. 평범한 단어이지만, 들여다보면 거대한 욕망의 소용돌이입니다."

같은 이유로 나도 김홍중 교수를 직접 찾아가 만나는 중이다. 마치 인류세라는 단어가 나를 바꾼 것처럼 김홍중 교수도 이 단어를 조명탄처럼 사용하고 있는 것이다. 그가 무해하고 싶은 대중의 욕망이 마냥 순진하다고 치부하지 않는 이유는 이 욕망이 위험에 대한 과학 지식에 기초하며, 다수의 재난을 겪어내면서 대중이 고통스럽게 생각해낸 사회적 공통 감각이라고 여기기 때문이다. 무해를 외치는 이들은 플라스틱의 유해성과 기후 위기와 관련한 복잡한 지구 시스템을 이해하려 노력하는 이들이다. 팬데믹을 겪으며 우리는 마스크 착용 등 방역에 대한 지식을 획득했고, 백신을 맞으며 RNA와 항체 형성을 공부했다. 불안정한 기후와 매캐한 미세먼지, 감염병의 확산으로 인해 사회 전체가 마비되는 과정을 통과하며 공통적으로 재난 경험을 체득했다.

한 국가가 아니라 지구 전체적으로 벌어지고 있는 이 글로벌한 위험 앞에 시민들은 권력과 욕망 사이에, 민주적 요구와 감시 장치의 필요성 사이에 넓은 교섭 공간을 확보하고 복잡한 협상을 수행한다. 예를 들어 더 많은 CCTV를 설치하여 일상의 범죄를 예방해주기를 청원하되, 데이터를 불법으로 사용하거나 전유하려는 국가 자본에 저항한다.* 무해하고 싶다는 마음에는 시스템을 순진하게 믿지 않는 똑똑한 합리성과 유사한 위험을 공유하는 타자들과의 연대감에 기반한 도덕성이 모두 포함되어 있다.

물론 무해의 욕망이 잘못 작동되면 '착한 소비자 운동' 정도에 그칠 수도 있겠지만, 김홍중 교수는 무해의 욕망에서 느껴지는 에너지와 가능성에 주목한 것이다. 그는 특히 우리가 코로나19를 통해 지구적 수준의 생태 위기의 심각성을 절실하게 인지하고, 인간 활동이 동물 등 비인간 생명에 가하는 가해를 더 예리하게 지각하게 되었기 때문에, 무해를 향한 욕망이 강해질수록 인간이 환경에 가하는 유해에 대한 윤리적 의식은 더 선명해진다고 말한다.

무해의 시대는 고통이 회피되는 시대가 아니라, 이제껏 인정되지 못했던 새로운 고통을 기왕의 것들과 연결하는, 강인하고 질긴 망이 엮어지는 시대다. 그렇게 보면 코펜하겐의 유엔기후변화협약 당사국총회가 무력하게 진행될 때 대한민국에서 종이컵을 쓰는 내 일상의 무력함이 연결되고, 태평양의 해수면 상승으로 집을 옮기는 투발루인의 모습을 생각하며 에어컨 천국인 이 나라에서 에어컨 없이 여름을 버텨보는 태도가 '무해'라는 단어로 설명된다.

김홍중 교수가 기대하는 것처럼 정말 무해의 욕망은 소용돌이와 같은 에너지로 지구의 위기를 구하는 방주로 자라날

• 김홍중, 「무해의 시대」, 『서울리뷰오브북스』 1호, 2021년 3월.

수 있을까? 스페이스X를 세운 일론 머스크는 과학기술을 이용해 화성을 탐사하며 우주 거주 가능성을 따져보지만, 무해의 욕망은 지구를 떠나지 않고 지구의 문제를 해결하려는 태도이다. 그 태도가 좋은 전략을 만난다면 새로운 장이 열릴 수 있다.

● 돌봄의 전략

위기에 대한 돌파구를 젠더 문제에서 찾는 이들이 있다. 지구를 망친 산업화와 과학기술 발전이 남성의 주도로 이뤄졌기 때문에 그 반대편에서 해결책을 모색하자는 것이다.

"인류세는 서구 백인 남성의 반성문이죠. '지금 우리가 위기다'라고 하는 이 담론조차도 늘 이런 담론을 선도해가는 백인 남성들에 의한 거니까 우리한테 와닿지 않는 게 너무 당연해요."

과학기술을 젠더의 관점으로 연구하는 과학기술학자 임소연 동아대 교수는 지구의 위기가 젠더의 문제로 보인다고 말한다. 과학기술은 자연을 대상으로 연구하고 조작하는 행위다. 자연에 대해 우리가 어떻게 생각하고 있는지가 중요한데, 자연을 바라보는 서구 사회의 시선은 남성적이다. 예를 들어서양에서는 '어머니 자연Mother Nature'이라는 표현에서 볼 수 있듯이 자연을 어머니로 비유한다. 여기서 어머니는 항상 우리를 돌봐주고 사랑해주는 존재다. 우리가 어떻게 굴던지 모든 것을 희생하는 여성이다.

영화 〈아바타〉에 영감을 준 것으로 알려진 '가이아 이론'도 그렇다. 지구 자체를 스스로 시스템을 조절하는 하나의 생명체로 여기는 가이아 이론은 그리스 신화에 나오는 대지의 여신 '가이아'에서 이름을 따왔다. 지구를 여성의 모습으로 형상화한 것이다. 임소연 교수의 주장은 인류가 이 행성을 어머니 자연이라고 부르고 여신으로 바라본 역사가 있는 한, 지구 문제는 젠더 문제일 수밖에 없다는 것이다.

실제 남성 중심적인 과학기술 발전으로 인해 지구가 이 지경에 이르렀다는 걸 보여주는 사례가 있다. 바로 100년 전 전기차다. 일론 머스크의 테슬라보다 100년 앞서 전기차가 발명되어 세상을 호령할 뻔했다고 하면 믿어지는가? 지금은 화석 연료를 태우는 차가 퇴출되기 시작하고 전기차가 지구에 덜 유해하다는 이유로 보조금을 받는 것이 당연해졌지만, 20세기는 달랐다. 임소연 교수가 해제한 책 『지구를 구할 여자들』* 에는 자동차 기술개발 초창기에 휘발유, 전기, 증기가 주요 연료로 경쟁하던 시대상이 잘 묘사돼 있다.

1900년 즈음에는 전기차가 휘발유차보다 가속이 빠르고

* 카트리네 마르살 지음, 김하현 옮김, 『지구를 구할 여자들』, 부키, 2022년.

브레이크도 뛰어났다. 반면 휘발유차는 시동을 걸기도 힘들고 소음도 컸다. 압력으로 피스톤이 움직이고 기계에서 기름이 튀었다. 전기차는 도시 주행에 유리해 20세기 초에 유럽에 있는 자동차의 3분의 1을 차지했다. 미국은 그 비율이 더 높았다. 전기를 사용하는 소방차와 택시, 버스가 전 세계 주요 대도시를 돌아다녔다. 다만 배터리 충전 문제 때문에 도시 밖으로 멀리 갈 때는 주행거리에 한계가 있었다. 그런 특성 탓에 정숙한 전기차는 안정성과 조용함, 편안함을 상징했고, 시끄럽고 불안정한 휘발유차는 모험가를 위한 차로 인식됐다.

여기에서 젠더가 힘을 발휘한다. 당시에 모험은 남성의 전유물이었다. 여자는 주로 가사노동을 담당하며 집에 머물거나 쇼핑할 때 외출하는 정도였다. 결과적으로 휘발유차는 남성을 위한 차로, 상대적으로 더 여성스러운 전기차는 여자를 위한 차로 여겨졌다. 실제 1908년에 미국인 헨리 포드는 아내에게 전기차를 사줬다. 여자에게는 휘발유차보다 전기차가 더 어울린다고 생각했을 것이다. 정작 그해 그는 휘발유로 움직이는 '모델T'를 개발했다. 그때까지 자동차는 대중화되지 못했는데, 그 이유는 모두가 향유하기에는 가격이 비쌌기 때문이었다. 전기와 휘발유가 주 연료의 자리를 놓고 경쟁하던 시기에 출하된 이 850달러의 값싼 자동차는 시장의 판도를 바꿨다. 이후 세상은 우리가 아는 것처럼 흘러갔다. 휘발유차가 지배적 기술 형태가 되어 공해와 소음, 악취를 일으켰다.

당시 사회가 여성적이라는 이유로 전기차를 깔보지 않았다

지구의 위기가 내 몸을 가해하고 내가 거주하는 공간의 안전을 위협하는 세상에서 돌봄의 전략은 시대와 공명한다.

면 어땠을까? 이제 와서 세계 각국이 휘발유차를 전기차로 바꾸는 데 지불하는 막대한 보조금을 아꼈을 것이고, 내연기관차에서 배출된 탄소가 지금과 비교했을 때 현저히 적었을 것이다. 젠더는 이처럼 과학기술의 발전과 결과에 지대한 영향을 끼친다. 국제사회가 공식적으로 그것을 인정한 것은 인류세의 시작점으로 간주되는 1950년대에서 한참 지나서였지만.

1992년, 브라질 리우데자네이루에 172개국 대표단이 모여 UN 환경개발회의(리우 지구 정상회의)를 진행하며 기후 변화, 생명다양성, 사막화 방지라는 지구 차원 문제에 대해 역사상 최초의 협약을 맺었다. 27개의 협약문 중 20번째가 '여성이 중요한 역할을 한다'라는 조항이었다. 여성적인 것을 배제하며 흘러온 역사가 지구에 심각한 문제를 일으켰다는 것을 명

문화한 것이다.

그로부터 30년 후, 기후 위기와 감염병 대유행, 플라스틱 범람 등 더 심각한 행성적 위기를 겪는 지금, 과학기술은 경쟁과 지배 대신 새로운 패러다임을 요구하고 있다. 로켓을 쏴서 달 탐사를 하고 화성으로 도피하는 것에 치중할 게 아니라 이 사태를 만들고 해결하지 못하는 과학기술에 대해 생각하고 지금과는 다른 방향으로 가야 한다는 것이다.

"지금의 이 위기는 젠더 문제가 핵심이에요. 문제를 푸는 핵심도 거기서 나와야겠죠. 그래서 주목받는 것이 바로 돌봄의 전략입니다." 임소연 교수는 지금까지 과학기술을 개발할 때 완전히 새로운 것을 만들어내고 그것을 찬양하는 문화가 지배적이었었다면, 이제는 돌봄의 관점에서 과학기술을 바라보자고 말한다. 그녀가 말하는 돌봄은 누군가를 보살피는, 단순히 어머니가 자식을 돌보고 누나가 동생을 돌보는 식의 여성화된 돌봄 노동만을 의미하는 것이 아니다. 타자의 안위를 염려하며 마음을 쓰는 정신적 돌봄과 세상을 변화시키기 위한 이념과 활동에 참여하는 정치적 돌봄, 그리고 이 모든 돌봄을 행하고 실천하는 물질적 돌봄까지 포괄하는 더 넓은 의미의 돌봄이다.

영국의 학술모임 '더 케어 컬렉티브'에 따르면 돌봄을 뜻하는 영어 단어 'Care'는 보살핌, 관심, 걱정, 슬픔, 애통, 곤경을 의미하는 고대영어 'Caru'에서 왔다. 어원적으로 보면 살아 있는 생명체의 요구와 취약함을 전적을 돌본다는 것이다. 언어가 다르다 보니 우리말에서는 그 의미가 제한적으로 느껴지기 쉽다. 이를테면 한글로는 '돌봄'의 반대말이 '비돌봄'으로 생각되지만, 영어로 돌봄Care의 반대말은 무관심Carelessness이다. 이 무관심으로 인한 다면적이고 심각한 위기를 이해하기 위해 모인 '더 케어 컬렉티브'는 2021년 발간한 『돌봄 선언*The Care Manisesto*』* 을 통해 인간은 어떤 형태든 돌봄에 의존하여 생존해왔으며, 상호의존성이야말로 인간의 존재 조건임을 밝힌다. 임소연 교수는 이를 쉽게 풀어준다. "다른 사람, 다른 존재와의 관계 속에서, 세계와의 관계 속에서 자기를 인식하고 살아가는 거죠."

모든 것이 연결되어 있다는 사실에서 돌봄의 전략은 출발한다. 과학기술에 적용하면 기성 전략과 돌봄의 전략은 확연히 구별된다. 2021년 4월 22일, 지구의 날을 맞아 일론 머스크는 온실가스인 이산화탄소를 제거하는 방법을 개발하면 1억 달러(1300억 원 내외)의 상금을 준다고 공표했다. 전기차 제조업체 테슬라의 대표로서 과거 백인 남성들이 지배적 기술로 발전시킨 휘발유차 제조업의 문제점을 해결한 그는 다른 문제 또한 기존 방식처럼 해결하려고 한다. 이산화탄소를 제거할 방책을 찾는 동시에 화성 탐사 프로젝트를 추진하며 새로운 행성을 정복해 지구의 위기를 극복하고자 한다. 서구 남성 엔지니어가 인류세를 대하는 태도는 인류세를 초래한

* 더 케더 콜렉티브 지음, 정소영 옮김, 『돌봄 선언』, 니케북스, 2021년.

그것의 연장선 위에 있다.

반면 임소연 교수가 말하는 돌봄의 전략은 다르다. 과학기술을 개발할 때 지금까지 주로 백인 남성들을 사용자로 가정하고 만들었던 기술들을 어떻게 다양한 인종, 여성, 장애인, 지역 주민, 동식물을 포함한 비인간 존재들의 요구에 맞춰서 만들 수 있을까를 고민하는 것이다. "기존 과학기술의 패러다임이 경쟁과 지배를 뜻했다면, 돌봄의 전략은 사실 엄청난 혁신은 아닐 수 있어요. 기존에 있던 것들을 조정하고 조금씩 수선하는 식으로 다시 만들면서 가는 거니까요. 대단해 보이지 않을 수 있죠. 하지만 기존 과학 패러다임이 한계에 부딪힌 이 시대에는 그 과정이 필요해요."

과학기술 밖으로 몰아냈던 것들을 복권시켜야 과학이 바뀐다. 지금껏 배제되었던 것에서 혁신과 창의성이 나올 것이다. 또한 인류세가 과학적 의미에서 출발해 사회적 의미로 확장된 것처럼 돌봄의 전략도 과학계와 사회 전반에서 두루 쓰일 수 있다.

숲을 돌보고, 가축을 돌보고, 야생동물을 돌본다. 돌본다는 표현은 그 앞에 놓인 목적어를 착취하는 것에 반한다. '숲은 이용하고, 가축은 잡아먹고, 야생동물은 밀어낸다'라는 문장과 완전히 다르다. 지구의 위기가 내 몸을 가해하고 내가 거주하는 공간의 안전을 위협하는 세상에서 돌봄의 전략은 시대와 공명한다.

세계적인 페미니스트 도나 해러웨이는 그래서 이 긴급성

의 시대에 '트러블과 함께'하며 인류가 돌봄의 전략으로 돌아설 것을 촉구했다. 그 주장에 동의하는 사람들이 늘고 있다. 움직임이 커지면 과학 사회에서도 패러다임의 전환이 가능할 것이다. 개인의 무해한 삶의 태도와 과학기술, 사회 전체적인 돌봄의 전략이 함께 진행된다면 지구의 위기라는 행성적 차원의 문제에 본격적으로 대응할 수 있을 것이다.

◦감수성

한편, 지금 우리에게 필요한 것은 과학기술이 아니라 다른 것이라 말하는 이가 있다. 과학철학을 연구하는 홍성욱 서울대 교수다. 그가 진단하기에 인간/자연, 남성/여성, 인류/동물 식의 이분법적·분리적 사고가 지구의 위기를 불러왔다. 인류세 시대를 넘으려면 분리적 사고부터 바뀌어야 한다는 것이다. 그러기 위해서 필요한 것이 있다. 바로 새로운 감수성이다.

지구의 위기를 이야기하다가 갑자기 감수성이라니. 정신을 똑바로 차리고 우선 감수성의 정의부터 짚어보자. 국어사전에서 정의하는 감수성은 다음과 같다.

감수성 感受性 [감ː수썽] 외부 세계의 자극을 받아들이고 느끼는 성질.

홍성욱 교수의 정의는 다르다. "세상을 느끼는 거죠. 그리고 그 느낌을 해석하는 능력을 포함해요. 또한 실천으로 이어져요. 그러니까 감정과 그에 대한 이해와 해석, 거기에 실천하는 것까지 세 가지 영역이 합쳐져야 감수성이라고 표현할 수 있어요."

외부 세상을 받아들여서 인지하고 느끼는데 그치지 않고, 몸으로 행하는 것을 포함하는 개념. 다양하고 복잡하게 엉켜 있는 세상을 포용하고 공감하며 애정하는 적극적인 심성이 홍성욱 교수가 말하는 '감수성'이다. 그는 『포스트휴먼 오디세이』• 라는 책을 통해 '감수성'이라는 단어에 천착했다. 흥미롭다. 감수성에 대한 국어사전과 홍성욱 교수의 정의가 다르다. '이해', '해석'까지는 알겠는데 '실천'이 왜 거기서 나오는 걸까.

"이성이라고 하면 옛날부터 사고의 영역과 실천의 영역을 분리했어요. 실천은 도덕성으로부터 연유하는 것인데, 그게 세상에 대한 이해와 직접적인 연관은 없다는 게 칸트식 사고방식이죠."

소위 말하는 '진선미'는 붙여서 통칭하는 것과 다르게 진, 선, 미가 각각 분리된 영역이다. 이런 식의 사고방식은 종교

• 홍성욱 지음, 『포스트휴먼 오디세이』, 휴머니스트, 2019년.

가 과학을 간섭하면 안 되듯 과학도 도덕을 간섭하면 안 된다는 식으로 기능한다. 그것이 서구 근대성의 굉장히 중요한 철학적 토대인데, 홍성욱 교수는 감수성을 정의할 때 그게 충분하지 않다고 봤다. 지구의 위기에 제대로 대처하기 위해서는 근대성에 대한 성찰과 새로운 해석이 필요하다. 그가 감수성을 정의할 때 중요하게 생각한 부분이다.

인류세 시대의 감수성은 국어사전의 정의에서 한발 나아가, 분리적 사고가 아니라 통합적인 실천까지 포함하는 감수성이다. 무해의 태도가 다른 존재에게 가해하고 싶지 않다는 마음에서 더 나아가 적극적인 실천을 동반하는 것을 떠올리면 된다.

그렇기 때문에 홍성욱 교수는 지금 우리에게 필요한 것은 과학기술이 아니라고 말한다. 하나의 문제를 해결하기 위해 기술을 발전시키면, 설령 그 문제가 해결되더라도 또 다른 문제가 발생하는 게 일반적이라는 것이다. 과학기술의 발전이 지구의 문제에 대한 해결책이 되기보다는 인간-비인간의 복잡한 네트워크 속에서 예상치 못한 결과를 낳는다. 지금 우리에게 필요한 것은 단순하고, 작고, 덜 쓰는 세상을 상상하고 실천하는 것이다.

그는 기후 위기, 에너지, 인구, 쓰레기, 식량 문제를 '인류세의 문제'라고 표현했는데, 이는 내가 지구의 위기라고 부르는 것과 일치한다. 우리는 과거와 다른 세상에 살고 있고, 실천적 연대를 통해 인류세라는 거친 세상을 헤쳐갈 실용적인 감수성을 가져야 한다. 그 감수성을 철학에서는 '포스트휴머니즘'이라고 부른다. "포스트휴머니즘은 세 가지로 구성돼 있어요. 인간은 자기중심적인데 일단 그것을 버리는 거죠. 내가 우주의 중심이 아니라고 생각하고 변방에 갖다 놓는 거예요. 그러면 잘 보이지 않았던 것들이 많이 보이거든요."

두 번째는 내가 있던 위치에 다른 존재들을 갖다 놓고 생각해보는 것이다. 내가 남성이면 여성을 갖다 놓고, 동양인이면 아프리카의 흑인을 그 위치에 놓고, 인간이면 동물이나 인공지능, 크게는 지구를 갖다 놓고 사고해보는 것이다. 그러면 처음의 사례처럼 잘 보이지 않았던 것들이 많이 보인다.

포스트휴머니즘의 마지막 조건은 그것들을 연결된 존재로 생각하는 것이다. 보통은 스스로가 주체적으로 친구와 애인을 사귄다고 생각하는데, 그게 아니라 다른 존재들과의 관계 속에서 내가 살고 있고, 그 관계의 합이 나를 만든다고 생각하는 것이다. 즉, 내가 있어서 관계를 만드는 게 아니라 그 관계의 총체가 나다. 그 관계의 총체가 인간이다. 그런 식으로 생각해보는 것이 포스트휴머니즘 감수성이다.

휴머니즘은 다들 알고 있는 말이다. 그러니 영화에서 "넌 왜 이렇게 휴머니즘이 없냐!" 같은 대사가 별 설명 없이 나오기도 한다. 인류세 시대에는 전기를 많이 쓰거나 환경 파괴를 일삼는 지인을 타박하고 싶다면 "넌 왜 이렇게 포스트휴머니즘이 없냐!"라고 말하는 게 시의적절한 농담이다.

포스트휴머니즘은 20세기 이후 과학, 공학, 철학의 지적

전통이 수십 년 동안 서서히 결합하며 비슷한 지향성을 가지고 하나의 흐름이 된 것을 일컫는다. 한마디로 포스트휴머니즘은 휴머니즘 이후를 지향하는 감수성이다. 기계가 생명이라는 유기체적 속성을 획득하고, 자연이 살아 움직인다. 지구가 단순히 우리가 사는 땅이 아니라 항상성이라는 자기조절 능력을 가진 가이아이며, 그 가이아와 생명체 인류와 비인간들이 영향을 주고받으며 존재한다. 포스트휴머니즘은 가이아 속에서 인간의 위치와 책임에 대해 성찰하고 실천을 담보한다.

지구는 인류로 인해 가이아라는 새로운 지위를 얻었고, 인간은 지구가 거대한 생명체라는 가이아 가설을 지구시스템 과학을 통해 하나씩 규명해가고 있다. 동시에 인류는 경제활동을 통해 그 가이아를 파괴하고 있다. 인류세 시대에 가이아 지구와 인간의 관계는 새로운 단계에 접어들었다. 그것을 '가이아 2.0'이라고 부른 위대한 철학자가 있다.

지구와 충돌하지 않고 착륙하는 방법

왜 우리는 지구의 위기를 외면할까? 이 질문을 나보다 훨씬 오래 생각하고 연구한 사람, 브뤼노 라투르는 프랑스의 사회학자이자 인류학자, 철학자, 과학기술학 연구자로 이 시대의 영향력 있는 사상가 중 한 사람이다. 그는 기후 위기와 같은 인류세 문제를 극복하려면 하늘만 쳐다보지 말고 주변을 살펴보라고 권한다. 그는 학계에서도 어렵게 말하기로 유명한데, 지구인들에게 지구에 착륙하라고 말하는 책을 내기도 했다.* 그가 굳이 '착륙'이라는 개념어를 사용한 건 다 이유가 있다.

* 브뤼노 라투르 지음, 박범순 옮김, 『지구와 충돌하지 않고 착륙하는 방법』, 이음, 2021년.

"일종의 은유죠. 독자들에게 낯선 상상력을 불러일으키게 하려고 도발적인 질문을 던진 겁니다." 다행히 홍성욱 교수가 해석해준다. 라투르에 따르면 지구는 사실 두 개로 존재한다. 첫 번째 지구는 우리가 살아가는 지구다. 검찰 개혁과 정당 대표의 발언, 북한의 도발, 부동산 문제가 뉴스에서 흘러나오는 곳이다.

두 번째 지구는 우리가 만들어진 지구다. 암석권, 수권, 대기권으로 구성된 지구가 그것이다. 우리는 그 지구를 과학의 영역에 맡겨두고 첫 번째 지구에서만 살아간다. 본래 지구는 그 두 개가 분리되지 않은 하나의 지구인데, 대부분의 지구인이 한쪽 세상에서만 살아가고 있다. 마치 우리가 진짜 지구가 아닌 곳을 떠다니고 있는 격이니 이제 진짜 지구에 안전하게 착륙해야 한다고 은유한 것이다.

코로나19로 인한 팬데믹을 거치며 지구인 라투르도 우리와 똑같은 재난을 경험했다. 사실 프랑스의 경우 3주에 걸친 전격적인 봉쇄 조치가 시행됐기 때문에 한국보다 더 강렬한 경험을 했다. 팬데믹 이후의 그의 저작물에는 그 영향이 고스란히 드러난다. 더 생태중심적이고 더 급진적인 내용이 담겼다. 가장 최근에 쓴 『녹색 계급의 출현』• 이 그렇다. 계급이라는 표현을 보니 대학 시절 배운 칼 마르크스, 부르주아, 프

• 브뤼노 라투르, 니콜라이 슐츠 지음, 이규현 옮김, 『녹색 계급의 출현』, 이음, 2022년.

롤레타리아, 생산 수단, 소유 등이 떠오른다. 하지만 라투르가 말하는 녹색 계급은 맑시즘의 고전적인 계급 개념과는 다르다.

"19세기 자본주의 사회에서 싸움이 벌어졌을 때, 그 전선을 가만히 보면 전선을 두고 대치하는 상반되는 계급이 보여요." 한쪽에 노동자가, 다른 한쪽에 자본가가 존재하는데 그걸 계급이라고 칭했다고 치자. 홍성욱 교수의 말을 다시 곱씹으면 계급이 있고 싸움이 벌어지는 게 아니라 싸움이 벌어지는 양상을 가만히 보면 계급을 정의할 수 있다는 거다.

그럼 지금은 어떠한가? 지금도 싸움이 벌어지고 있다. 인류세 시대에 벌어지는 싸움을 가만히 지켜보면 계급이라고 정의할 수 있는 게 보인다. 19세기 자본주의 사회의 싸움이 생산 수단의 소유를 놓고 벌어지는 싸움이었다면 지금 벌어지고 있는 싸움은 생산 자체를 놓고 벌어지는 싸움이다. 성장이라는 전선에서 '한쪽은 계속 성장해야 한다,' 다른 한쪽은 '그러면 안 된다'라고 주장하는 사람들이 있는 셈이다. 그 전선의 한쪽에 선 사람이 녹색 계급이다. 성장 대신 탈성장, 세계화 대신 지역화를 주장하는 사람들이다.

말이 거창해서 녹색 계급이지 사실은 땅에 얽힌 사람들이다. 농사를 짓고, 그 농산품을 동네에서 먹고, 작은 수공예품을 만들고, 태양광을 이용하며 생활하는 사람들. 라투르는 그들을 녹색 계급이라고 불렀는데, 정작 그들은 계급 의식이 딱히 없다. 자신들이 지금 계급 투쟁에 들어가 있다는 것도 잘 모르는 상태다. 다만 그들은 중요한 게 뭔지 안다. 생산의 확대가 중요한 것이 아니라 거주할 수 있는 지구 환경을 유지하는 것이 더 중요하다.

『녹색 계급의 출현』 한국어판에서는 앞서 만났던 사회학자 김홍중 교수가 이 부분을 해설한다. "인류세적 주체는 파국 앞에서 만들어지고 파국 앞에서 서로 연결된다. 이들은 더 좋은 미래를 위해 함께 싸우고 전진하는 자들이 아니라 그 좋은 미래를 박탈당했음을 통감하는 자들이다." 위기에 대해 개인이 느끼는 불안, 공포, 좌절감, 분노는 강력한 사회적 정동이 되어 개인의 정체성을 벗겨낸다. 녹색 계급이라는 새로운 주체성은 개인이 가졌던 정체성 위에 덧씌워지는 것이 아니라, 과거의 것들이 빠져나간 자리에서 희미하게 생성된다.

녹색 계급이든 인류세적 주체든, 지구의 위기 앞에 우리는 실천적 연대를 해야 한다. 홍성욱 교수는 그 실마리를 브뤼노 라투르가 『녹색 계급의 출현』을 쓴 과정에서 발견했다. "그 책이 재밌는 게 브뤼노 라투르와 니콜라이 슐츠가 같이 썼다는 거예요." 니콜라이 슐츠는 박사과정 학생이었다. 반면 브뤼노 라투르는 세계적으로 유명한 학자였다. 명성으로만 놓고 보면 같이 만나서 공동작업을 하는 게 의아할 정도인데, 1990년생인 슐츠와 노년의 위대한 사상가가 세대를 뛰어넘어 연대해서 책을 냈다.

홍성욱 교수는 그 사실이 정말 많은 것을 보여준다고 생각한다. 『공산당 선언』을 함께 쓴 칼 마르크스와 프리드리히 엥

무해한 삶의 태도와
실천적 연대가 함께 한다면
어쩌면 우리는 지구와 충돌하지 않고
무사히 착륙할지도 모른다.

겔스도 사회적 신분은 달랐어도 비슷한 동년배였다. 그 둘은 한창 팔팔할 때 유럽에 감도는 혁명의 기운을 겪으면서 같이 토론하고 저술하며 책을 냈다. 그런데 『녹색 계급의 출현』은 세대까지 다른, 너무나도 다른 사람 두 사람의 작업물이다. 지금 우리한테 필요한 것도 그렇게 차이를 뛰어넘는 연대가 아닐까.

한국 사회가 분열되어 있다는 것은 팩트에 가까울 정도로 명징하다. 정치적으로도, 세대로도, 젠더적으로도 분열이 심하다. 이러한 한국 사회에 지구의 위기는 오히려 기회가 될 수 있다. 행성적 차원의 문제는 극복하기 굉장히 힘들기 때문이다. 미세먼지와 달리 기후 위기에 대한 대응이 어려웠던 것을 생각해보자. 문제의 해결점을 찾기도 힘들고, 찾는다 하더라도 사회적 합의가 이뤄져야 하니 더욱 같이 힘을 모아야 하는 당위성이 커진다.

과학학을 연구하는 홍성욱 교수도 그래서 두 가지 만남에 주목한다고 한다. 우선, 과학과 종교의 만남이다. 종교인들은 위기감을 갖고 신도 사이의 실천적 연대를 꾸리려고 하는데 유독 과학에 대해서는 불신이 크다. 과학계에는 진화론 등의 이유로 종교를 부정하는 경향이 있다. 하지만 지구의 위기 앞에서는 과학과 종교가 힘을 합쳐야 상당한 동력이 생긴다. 두 번째는 과학과 예술의 만남이다. 인류세 문제는 눈에 보이지 않고 피부로 잘 느껴지지도 않다 보니 과학적 커뮤니케이션이 더욱 어렵다. 예술은 보이지 않는 것을 보이게 할 수 있고 피부로 느껴지지 않는 것을 느껴지게 할 수 있다. 예술계에서는 과학적 영감과 지식을 필요로 하는데, 정작 과학기술인들은 연구와 실험, 논문 작성의 루틴을 벗어나고 있지 못하다.

실천적 연대는 거창한 것이 아니라 자기가 할 수 있는 영역에서 벽을 깨고, 인접 분야와 같이 협력하고, 다른 사람과 문제의식을 공유하며 실천을 넓혀가는 것이다. 그 무해한 삶의 태도와 실천적 연대가 함께한다면 어쩌면 우리는 지구와 충돌하지 않고 무사히 착륙할지도 모른다.

텀블러 크기만 한 희망

2020년 『인류세: 인간의 시대』 책을 펴내고 지난 3년여간 강연으로 수천 명을 만났다. 방송과는 다른 강연의 커뮤니케이션 방식은 재밌고 매력적이었다. 방송을 한다는 것은 불특정 다수에게 내가 제작한 프로그램을 송출하고 그들의 반응을 짐작하는 행위다. 시청률, 콘텐츠 조회수, 시청자 의견이나 댓글로 간접적인 소통이 가능하다.

반면에 강연은 직접적이다. 청중의 규모는 작지만 극장에 가듯 일부러 찾아온 이들과 눈을 맞추며 같은 공간에 한두 시간 함께 있는 것은 중독성이 있다. 꾸벅꾸벅 조는 사람을 보면 지루한 내용을 즉각 수정하게 되고, 갑자기 질문이 나오면 무엇이 그분의 흥미를 자극했는지 쉽게 알게 된다. 시청자보다 청중과의 거리가 가깝다 보니 방송보다 편하게 개인적인 이야기를 할 수도 있다. 그래서 강연을 제법 다녔는데, 강연 말미에 받게 되는 질문은 공통적이다. "지구의 미래에 대해 개인적인 의견이 궁금합니다. 낙관적인가요, 비관적인가요?"

양자택일의 단순함을 좋아하는 분들이 주로 던지는 질문에 난 솔직하게 답한다. 희망적이라면 이 책을 쓸 일도 없었을 것이다. 최근 발표되는 지구의 여러 지표와 과학적 사실들은 위기감을 넘은 감정을 불러일으킨다. 오죽하면 캐나다의 저널리스트 나오미 클라인이 "비상 상황을 비상 상황이라고 불러야 한다"라고 주장할 정도일까.• 이 행성은 비상 상황에 들어섰는데, 그 긴급함을 느끼지 못하는 행성의 구성원이 많으니 비관적일 수밖에 없다. 내 대답에 실망하는 질문자의 눈빛이 느껴진다. 질문자는 낙관적인 사람인 걸까. 되레 물어보고 싶은 마음이 들 때도 있지만, 무겁게 가라앉은 강연장 분위기를 띄울 겸 내가 지켜본 작은 희망을 위로로 건넨다.

대학생이던 2009년에 〈텀블러 라이프〉라는 일회용 플라스틱 컵에 관한 단편 다큐멘터리를 만들었다. 2013년에는 EBS PD로 첫 연출작 〈하나뿐인 지구 – 플라스틱 인류〉를 제작했다. 대중의 반응은 미비한 수준이었다. 부족한 화제성의 원인으로 제작물의 질과 채널 파워만 탓하기에는 플라스틱 이슈에 대한 이 사회의 관심이 현저히 낮았다. 2023년은 다르다.

• 『미래가 불타고 있다』(열린책들, 2021년)에서 저자 나오미 클라인은 비상사태를 비상사태로 규정하지 않는 한 기후 재앙을 막을 수 없다고 강조한다.

〈텀블러 라이프〉(2009)의 한 장면.

카페에서 플라스틱 빨대를 찾아보기 제법 어려워졌고 라벨 없는 페트병이 많아졌다.

14년 전에는 상상하기 어려웠던 일들이 벌어지고 있다. 당시에는 일회용 컵 보증금 제도*가 유명무실해서 소리소문없이 폐지돼도 거의 알려지지 않았다. 관심이 없으니 모를 수밖에. 당시 내가 인터뷰한 환경단체들은 그 제도의 폐지를 크게 아쉬워했었다. 한데 2008년에 사라진 그 제도를 10년이 지난 2018년에 정부가 부활에 나섰다. 환경부가 설문조사를 해보니 2005명의 성인 응답자 중 89.9퍼센트가 제도 도입에 찬성했다고 한다.

* 음료를 일회용 컵에 담아 살 때 컵 보증금을 포함한 금액을 내고 컵 반납 시 보증금을 돌려받는 제도로, 2002년 추진해 2008년까지 시행됐다.

나는 고무될 뻔했다. 소비자의 의식이 바뀌니 기업이 (타의든 자의든) 나서서 페트병 라벨을 떼거나 무라벨 페트병을 출시하고, 정부가 없어진 제도를 부활시킨다니! 일회용 컵 보증금 제도의 경우 혼란을 방지하기 위해 무려 2년의 준비기간까지 뒀다. 2020년 6월 관련 법안이 통과되고 2022년 6월부터 전격 시행하기로 했는데, 갑자기 말이 바뀐다. 현장에서의 반발과 부족한 준비를 이유로 6개월 유예하더니, 유예 시기가 끝나가자 급기야 세종과 제주에서만 시범 시행했다. 이후 2025년까지 전국 의무 시행 예정이었으나 이마저도 지방자치단체 자율 시행으로 재검토 중이다(2023년 10월 기준). 다시 찾아오는 현실 자각 타임. 실망의 순간은 짧고, 허비된 시간은 길다.

플라스틱 이슈에 대한 우리 사회의 용기를 그릇으로 계량할 수 있다면 일회용 컵만 한 크기 아닐까. 2008~2009년에 스몰 사이즈였다면 2023년에는 미디엄 사이즈 정도로 조금 커진 수준이다. 14년 동안 대한민국 사회는 딱 그 정도 나아갔다. 물론 이 문제에 진정성을 가지고 제로웨이스트를 실천하고 기업과 정부를 압박하는 시민들과 활동가들의 노력을 깎아내리는 것은 전혀 아니다. 그분들 덕분에 이 정도라도 사이즈 업 할 수 있었다.

다만 사회적 차원에서 볼 때 냉소적인 마음이 드는 것은 어쩔 수 없다. 플라스틱 폐기물의 심각성에 다수가 공감해도 제도를 손보는 것은 이처럼 어렵다. 사실, 컵 보증금 제도 자

그럼에도 불구하고
냉소 대신 희망을 떠올리는 이유는,
그래도 한발이라도 나아갔기 때문이다.

체도 문제 해결의 종착점이 아니라 발걸음 떼는 수준의 단계다. 더 솔직하게 말하면, 컵 보증금 제도가 원활하게 전국적으로 운영된다고 해도 착시 효과로 인한 심리적 부작용까지 막을 수는 없다. 마치 재활용과 같은 것이다. 재활용은 시민들이 참여하는 분리배출 이후에도 수거-선별-파쇄-세척-압축-성형 등 일련의 과정을 거치는데, 각 단계마다 재활용 쓰레기의 상당량이 탈락한다. 실제로 재활용되는 쓰레기는 절반에도 못 미친다. 우유팩의 경우 재활용률을 20퍼센트 정도로 본다. 그래도 매주 분리수거를 하는 날마다 재활용 과정에 참여하면 마음이 조금이나마 편해진다.

'난 분리배출을 잘했으니 시민으로서 할 일을 다 했어' 혹은 '난 컵 보증금 제도를 이용해서 일회용 컵을 썼으니까 계속 일회용 컵을 써도 돼' 같은 식의 착시 효과. 정작 중요한 플라스틱의 생산량과 폐기물의 총량은 계속 늘어난다. 컵 보증금 제도 재도입을 논하고, 제로플라스틱의 움직임이 커질 때도 플라스틱 사용량 상승 곡선은 유지됐다. 코로나19로 인한 마스크 사용과 배달 음식 및 택배 주문의 증가를 생각하면 이상한 일도 아니다.

그럼에도 불구하고 냉소 대신 희망을 떠올리는 이유는, 그래도 한발이라도 나아갔기 때문이다. 플라스틱이 이슈화가 되지 않았다면 일회용 컵 보증금 제도가 논의되지도 않았을 것이다. 제로웨이스트를 실천하는 사람이 더 적었다면 기업의 움직임은 더 늦게 나타났을 것이다. 일회용 컵을 쓰지 않고, 텀블러를 들고 다니고, 플라스틱 빨대 대신 개인 빨대를 들고 다니는 습관은 사소하지만 우리의 감수성 변화를 보여준다. 지구적 위기를 인지하고 몸으로 실천하는 감수성. 비록 실천이 짧게 끝나고 작은 규모로 이뤄지더라도, 감수성이 바뀌었다는 것은 무궁한 가능성을 뜻한다.

코펜하겐 협정이 논의되던 시기, 나는 취업을 준비하며 내가 쓰는 일회용 컵이 부끄럽게 느껴졌다. 그 감수성의 변화가 다회용 컵에 대한 콘텐츠 제작으로 이어졌고, 지금은 직업적으로 지구적 문제에 대해 방송 프로그램을 만들고 있다. 텀블러를 들면서 시작된 생활 속 실천은 손수건 사용, 자가용 출퇴근 대신 대중교통 이용, 육식 대신 부분 채식, 집에서 에어컨 없이 살기 등으로 점점 확대됐다. 철저하게 탄소배출 제로를 꿈꾸는 '노 임팩트 맨'도 아니고 엄격한 성격도 아니라 생활의 조건이 바뀌면 실천 방법도 바뀔 것이다. 그래도 가능한 범위 안에서 계속 해보려 한다.

감수성은 지구의 위기를 외면하지 않으려는 태도다. 그 태도가 실천적 연대로 이어진다면 지구의 위기를 외면하지 않는 사회적 움직임을 만들어낼 수 있다. 자신의 생각이나 실천을 공유하는 것도 좋고, 가치 소비, 투표, 직접 행동 등 소비자, 유권자, 시민으로서 할 수 있는 게 많다. 본인이 속한 영역에서 벽을 깨고 인접 분야와 같이 협력하고, 다른 사람과 문제의식을 공유하며 실천을 넓혀가는 것이 중요하다. 나의 경우 방송 제작, 글쓰기, 강연 등으로 다른 사람과 만나고 있고 그것들이 내 생활 속 실천의 의미를 사회적으로 넓혀주는 기회임을 알기에 소중하게 여긴다. 그리고 그 행위를 통해 만나는 이들의 눈빛과 마음에서 작은 희망을 본다.

"지구의 미래에 대해 개인적인 의견이 궁금합니다. 낙관적인가요, 비관적인가요?" 이렇게 질문하는 분들은 대개 지구의 위기를 외면하고 싶지 않은 마음을 가지고 있다. 희망을 품고 집으로 돌아가 뭐라도 한번 해볼까 하는 생각일 것이다. 그분들에게 플라스틱 이슈를 둘러싼 십여 년의 이야기를 들려주며 컵 하나 크기에 불과한 희망의 의미를 되새긴다. 다만, 일회용 컵만 하다고 말하면 너무 비관적이니 텀블러 크기만 하다고 해야겠다.

° 지구의 위기를 외친 이들의 부고

인류세라는 단어를 알게 된 후 나의 삶에 큰 영향을 미친 두 학자가 있다. 인류세 용어를 창안한 파울 크뤼천 박사와 생명다양성 개념을 확산시킨 에드워드 윌슨 교수다. 지구의 위기를 누구보다 걱정하고 인류세 담론의 확산에 앞장선 두 석학은 2021년에 세상을 떠났다.

파울 크뤼천 박사는 인류세 다큐멘터리를 제작하며 직접 만날 기회가 있었다. 인터뷰 요청에 흔쾌히 응해줘서 2018년 여름에 촬영을 진행할 예정이었는데 건강이 안 좋아져 취소됐다. 몇 해 지나지 않아 2021년 1월 28일, 독일에서 그의 부고가 들려왔다.

어릴 때부터 눈 쌓인 산을 좋아했다는 파울 크뤼천 박사는 에어컨, 냉장고, 헤어스프레이 등에 쓰이는 프레온 가스가 오존층 파괴의 주범임을 과학적으로 증명해 동료들과 함께 1995년에 노벨 화학상을 받았다. 그의 연구 덕분에 1987년에 프레온 가스의 생산을 금지하는 국제 협약이 체결됐지만, 이미 대기에 떠돌고 있는 프레온 가스를 없앨 수는 없었다. 인간의 활동이 지구에 미치는 영향에 대한 그의 문제의식은 결국 2000년에 인류세 개념 탄생으로 이어졌고, 말년까지 세상에 헌신하며 삶을 마쳤다.

그가 만든 인류세라는 말은 동료 과학자, 다른 학계의 연구자, 시민 사회 인사, 예술가 등 사회 전반으로 퍼지며 담론을 형성했다. 인류세 담론을 통해 우리는 인류의 힘이 얼마나 강력하며 어떻게 지구에 작용하고 있는지 직관적으로 알게 됐다. 인류는 46억 년 지구 역사에 다섯 번 밖에 없었던 생물 대멸종을 불과 70여 년 만에 가속화했고, 항상성에 의해 유지되는 지구 행성 시스템을 파괴해 심각한 기후 위기를 초래했으며, 플라스틱 등 지구에 없던 소재를 만들어 무분별하게 배출해 기술화석* 의 탄생을 낳았다.

"그의 업적은 사후에도 과학과 사회의 진보를 이끌고, 국제 공동체에 계속 영감을 줄 것이다." 막스플랑크연구소 홈페이지에 올라온 크뤼천 박사에 대한 추도사 중 한 구절이다. 그가 남긴 업적을 적확하게 표현한다. 인류세는 우리를 생각

* 플라스틱, 콘크리트 등 인류가 만들어 사용한 물질이 지층에 쌓이고 해저에 묻힌 것을 말한다.

하게 만드는 힘이 있기 때문이다. 이제 그는 떠났지만 우리는 그가 남긴 개념에서 영감을 받아 그 담론을 계속 확산해야 한다. 파울 크뤼천이 인류세를 떠올린 2000년보다 20여 년 지난 지금 상황이 더 안 좋아졌고, 20년 후에는 더 심화할 가능성이 크기 때문이다.

“시간이 얼마 남지 않았어요.” 에드워드 윌슨 교수 또한 그 시간의 값어치를 누구보다 잘 알고 강조한 학자다. 생전에 그를 취재로 만났을 때, 그가 나에게 허락한 시간은 1시간이었다. 하버드 자연사박물관에 있는 그의 연구실에서 오전에 시작한 촬영은 막상 진행되자 예정된 시간을 훌쩍 넘겨 점심시간이 지나서야 끝났다. 당시 아흔이 넘은 노 생물학자는 지구의 위기를 설명하고 후손들에게 메시지를 전달하는 데 갈급했다. 특히 한국의 DMZ 지역에 흥미를 보였다.

“자연과학자로서 전 항상 한국에 대해 특별한 관심이 있었어요. DMZ 때문이죠. 한반도의 꽤 큰 지역이 오래전에 갑자기 보호지대로 결정됐어요. 결과적으로 거기에 다시 숲이 생겼죠. 몇몇 희귀한 종도 다시 그 구역으로 돌아왔고요. 제가 확신하는데 지금은 훨씬 더 많은 종이 살고 있을 거예요. 남한과 북한에게뿐 아니라 세계적으로 아주 놀라운 곳이에요.”

에드워드 윌슨 교수는 대멸종에 대해서 이야기할 때는 걱정 어린 표정과 차분한 말투를 유지했는데 DMZ에 대해서 말할 때는 달랐다. DMZ를 세계적인 공원, 보전지역으로 만들면 미국 최고의 국립공원인 옐로스톤과 미국 역사를 상징하는 게티스버그의 조합 같은 곳이 될 거라며 목소리를 한 톤 올렸고 사뭇 신나 보였다.

그의 바람처럼 우리는 통일 이후에도 DMZ를 세계적으로 평화를 상징하는 곳, 생명다양성이 살아 있는 역사적인 장소로 지켜낼 수 있을까? 요원해보이는 통일 시기를 상상하는 것은 차치하더라도, 당장 수도권 개발의 압력이 DMZ 인근까지 미치는 것을 보면 쉽지 않다. 서바이벌, 생존이 사회 최우선 과제였던 대한민국은 휴전이라는 역사적 특수성 때문에 DMZ를 지구의 위기에서 예외적인 곳으로 남겨뒀지만, 우리가 지구의 위기를 외면해온 이유만큼이나 DMZ를 손댈 이유는 많다.

나는 DMZ에 날아온 두루미를 탐조한 적이 있다. 빨간 이마와 검은 목, 하얀 몸의 단정학丹頂鶴은 가늘고 긴 다리를 뻗으며 비행하다가 강가에 사뿐히 내려앉았다. 500원짜리 동전 앞면에 새겨진 모습을 육안으로 관찰하는 것은 영광스러운 경험이었다. 보기 힘든 신비한 새를 군사지역에서 본다는 희귀성이 그 순간을 특별하게 만들었다. 대한민국 화폐에 담길 만큼 상징적인 새가 멸종위기종이 되어 DMZ 인근에서 집단으로 월동하는데, 이마저도 민간인 통제선이 북상하며 위협받고 있다. 2021년에서 2022년으로 넘어가는 겨울, 한반도를 찾은 두루미는 1685마리였다. DMZ의 환경이 바뀐다면 이 비인간 존재를 우리는 책이나 과거 영상으로만 기억하게 될지 모른다.

비인간을 위해, 궁극적으로는 우리 자신을 위해 지구의 절반을 보존해야 한다고 주장한 에드워드 윌슨 교수는 2021년 12월 26일에 타계했다. 그가 참여한 다큐프라임 〈여섯 번째 대멸종〉은 에드워드 윌슨 교수가 인류에게 보내는 편지를 쓰는 첫 장면으로 시작한다. 5부작 중 첫 편을 12월 20일에 방송했는데, 시리즈가 채 끝나기도 전에 1부의 프리젠터가 영면에 들었다. 부고를 접하고 급하게 편집해 이틀 뒤 방송된 마지막 편의 제일 끝 장면에 에드워드 윌슨 교수의 사진과 추모 글을 넣었다. 5부작 방송이 윌슨 교수의 부고로 끝나자, 마음속에서 무언가가 강렬히 솟구치는 게 느껴졌다.

솔직히 말하면 2021년 가을과 겨울에 〈여섯 번째 대멸종〉을 편집하는 내내 먹먹한 마음이었다. 멸종의 현장에서 불타 죽고, 굶어 죽고, 유리창에 부딪혀 죽고, 혼획되어 죽고, 농작물을 훔쳐먹다 총 맞아 죽고, 밀렵당하는 동물들을 야생의 촬영장이 아닌 편집실에서 다시 마주하는 것은 감정을 추스르기 힘든 상태의 연속이었다.

관찰카메라에 멧비둘기가 투명 방음벽에 부딪혀 즉사하는 것이 포착되고, 잠든 사이 숙소 근처에서 캥거루가 굶어 죽어 아침에 사체로 발견되고, 냉동창고에 가득히 쇠돌고래 상괭이 사체가 쌓여 있는 것을 보는 것은 가슴 아픈 일이다. 촬영하는 내내 꾹꾹 눌러뒀던 감정이 편집실에서 모니터를 혼자 바라볼 때면 자꾸 솟아올랐다. 그래도 정해진 스케줄에 맞춰

제작일정을 지켜야 하니, 개인적인 감정을 살피기보다는 방송 마무리에 집중했다. 그 종착지에 도달하기 직전에 들려온 에드워드 윌슨 교수의 부고는 애초에 왜 이 프로그램을 기획했고, 왜 고통스러운 장면들을 촬영했는지 새삼 생각하게 했다.

나는 지구의 위기를 외면하고 싶지 않았다. 그 현장을 생생하게 시청자에게 전달하고자 했다. 그게 얼마나 괴로울지 그때는 몰랐다. 나 같은 일개 PD도 이런 일을 겪는데, 인류세를 외치고 DMZ와 생명다양성을 보존해야 한다고 주장한 석학들은 생전 얼마나 많은 절망을 마주했을까. 지구의 위기를 누구보다 먼저 느끼고 소리 높여 걱정한 이들은 그렇게 큰 숙제를 남기고 떠났다.

우리가 지구의 위기를 외면하는 이유는 시간 감각이 무뎌서다. 46억 년이라는 지구의 시간을 고작 1950년대 이후 70여 년 동안 본격적으로 망쳐놓았다는 게 좀처럼 믿기지 않는다. 인간은 길어야 백 년밖에 못 사는데, 2050년의 지구가 어떻게 바뀌어 있을지, 그때 자신은 몇 살이고 악화된 환경에서 남은 생은 얼마일지 계산기를 두드려봐야 시간 개념이 어렴풋하게 잡힌다.

우리에게 남은 시간은 얼마일까. 각자의 인생에 남은 시간, 인류에게 남은 시간. 지구의 위기를 걱정하다 떠난 이들의 부고는 그 시간들을 소중히 헤아리라고 말하는 마지막 메시지로 다가온다.

나가는 말

2023년 7월, 아마존을 다녀왔다. 브라질 아마조나스주의 도시 마나우스에서 비행기가 이륙하면 창 밖으로 녹색 바다가 펼쳐친다. 땅에서 올려다보면 30미터 높이인 큰 나무가 1000미터 정도 상공에서 내려다보면 작은 브로콜리처럼 보인다. 그 브로콜리들이 한 그루 한 그루 모여 지평선을 가득 채운 풍경은 열대우림이라기보다는 대양에 가깝다. 그 바다를 유유히 가로지르는 강물이 이곳이 내륙임을 알려준다. 분홍돌고래 보뚜와 사람보다 큰 민물고기 피라루쿠가 헤엄치는, 세계에서 가장 긴 강이다.

비행 고도가 올라가도 한반도의 25배에 달하는 거대한 우림은 끝없이 펼쳐진다. 저기서 살아가는 재규어, 아나콘다, 원주민을 떠올리니 가슴이 벅차다. 감정을 만끽하려는 찰나, 저 멀리 뿌연 기둥이 눈에 들어온다. 아마존이 불타고 있다! 지금은 건기라 불이 자주 나는 시기다. 그린피스의 항공기가 현장에 접근하자 화염이 맹렬하게 감각기관을 공격한다. 촬영 목적으로 개방한 창문 사이로 매캐한 냄새가 코를 찌르고 지

독한 연무에 눈이 맵다. 비행고도를 100미터 이하로 낮추자 항공기는 화재 연기에 휩싸인다. 저 멀리 펼쳐지던 녹색 바다의 풍경은 이제 빨간 불꽃과 하얀 연기로 바뀌었다. 탄소의 주요 저장고 중 하나인 아마존이 탄소를 배출하고 있다. 광범위한 삼림 파괴로 브라질 아마존의 전체 이산화탄소 흡수량보다 배출량이 많다는 연구 결과까지 등장했다. 또 하나의 인류세 경고등이 아마존에서 깜빡거린다.

2019년, 아마존이 크게 불탔다. 2020년, 호주는 들불과 6개월 동안 싸웠다. 2021년, 북미 서부가 화염에 휩싸였다. 아마존과 호주와 북미 서부는 가장 큰 불이 난 이후에도 매해 불기둥을 마주하고 있다. 최악의 산불을 몇 년 사이 다른 최악의 산불이 뛰어넘으며 기록을 경신하는 상황이 반복된다. 시간이 지날수록 그 경향성은 뚜렷해지고 화재 피해 지역은 전 지구적으로 확산한다. 대한민국 또한 자유로울 수 없다. 50년 만의 겨울 가뭄으로 2022년에 강원도와 경상도 산간 지역이 최악의 화마에 휩싸였다. 정선, 영월, 울진, 삼척, 양구, 밀양 등이 불타며 규모와 피해내역에서 사상 최고 기록을 갱신했다. 아마존과 호주와 북미 대륙이 겪는 것처럼 우리 또한 매년 대형 산불의 위협을 받을 것이다

인류세를 사는 우리가 할 수 있는 건 지구적 재난을 외면하는 세상이 이 상황을 마주할 수 있게 알리고 공유하는 것이다. '인류세'는 과학의 언어로 세상을 설득하려 한 파울 크뤼천 박사가 평생에 걸쳐 노력한 결과물이다. 대한민국에서 사

는 우리는 지구적 재난에 상대적으로 덜 노출되어 있고, 심리적으로나 인간적으로나 재난 현실을 외면하며 살기 쉬운 조건이지만, 시간이 흐를수록 그 조건들은 하나씩 사라질 것이다. 2030년의 지구, 2040년의 지구는 더 가혹하게 인류를, 대한민국 국민을 위협할 것이다. 우리는 계속 고민하고 공유해야 한다.

2022년 화재 당시 국내 환경단체와 시민들은 '#이_산불의_이름은_기후_위기'라는 해시태그를 다는 캠페인을 SNS에서 진행했다. 이름을 바꿈으로써 해당 재해가 단순한 산불이 아니라 기후 위기라는 지구적 재난의 현장임을 상기하는 것이다. '#이_산불의_이름은_기후_위기'는 행성의 위기를 외면하는 각양각색의 이유들에 맞서는 자성적 움직임이다.

화마가 휩쓸고 간 2022년 9월 24일, 서울 시청역에서 열린 '기후 정의 행동' 집회에 참석했다. 영국, 독일, 미국, 호주 등 세계에서 동시다발적으로 진행되는 국제 행사로 시민들이 모여 위기 대응을 촉구했다. 2021년에는 독일 베를린에서 취재했던 터라 국내 분위기는 어떨지 궁금했다. 우리나라는 코로나19로 인해 2년을 건너뛰고 3년 만에 열렸는데 3만 5000여 명이 모였다.* 유럽과 미국에 비하면 규모는 작지만, 3년 전에 9000명이 모인 것과 비교하면 4배 가까운 참가자 숫자가

* 2023년 집회에는 3만여 명이 모였다(주최 측 추산).

주는 의미는 컸다. 하지만 이날 모임도 단신과 포토 뉴스 정도만 TV와 기사로 접할 수 있을 뿐, 언론과 SNS에서 현장의 분위기를 찾아보기는 쉽지 않았다. 지구 전역과 이 땅에 세워지는 거대한 불기둥에 맞서려면 사회적인 차원의 대응이 필요한데, 위기의 긴급성과 현실의 무관심은 간극이 크다.

'#이_산불의_이름은_기후_위기'처럼 우리는 끊임없이 시스템을 의심하고 변화와 대책을 요구하며 연결되어야 한다. 텀블러와 종이 빨대를 쓰는 착한 소비자 운동에서 그치지 않으려면 주변 사람 및 그 너머에 있는 사람들과 어떻게 자기의 생각을 함께 나눌 수 있을지 생각하고 이야기해야 한다. 이 책 또한 그런 무수한 생각 중 하나이다. 함께 이야기를 나누고 공유하며 다가올 미래를 마주하자. 소행성이 지구에 충돌하는 일이 생기더라도 외면하지 않는 사회가 되기 위해서.

감사의 말

왜 우리는 지구의 위기를 외면할까. 머릿속에 품고 있던 의문을 한 권의 책으로 펴낼 수 있었던 것은 그 고민을 들어주고 함께 알아가려 한 분들, 그리고 일면식은 없어도 각자의 자리에서 비슷한 고민을 하며 건강한 지구를 꿈꾸는 분들 덕분이었다.

우선 경험이 일천한 시절부터 기회를 주고 성장시켜준 한국교육방송공사와 회사 동료들에게 감사를 표한다. 지구 끝부터 대한민국 뒷동산까지 함께 돌아다니며 고생한 이창열, 이의호 감독 등 촬영팀 덕분에 멋진 미장센과 더불어 현장의 노하우를 얻을 수 있었다. 〈하나뿐인 지구〉, 〈이것이 야생이다〉 시리즈, 다큐프라임 〈긴팔인간〉, 〈인류세〉, 〈여섯 번째 대멸종〉, 〈날씨의 시대〉 등 제작한 프로그램의 기획을 함께한 프로듀서 선후배, 구성을 책임진 작가, 섭외를 담당한 리서처와 코디네이터, 후반 작업을 같이한 스태프 모두 고맙다. 함께한 프로그램 덕분에 생긴 문제의식으로 독자들을 만나게 됐다.

겸직 중인 두 단체에도 감사의 말을 전한다. 카이스트 인류세연구센터의 박범순, 전치형, 김형준 교수는 인터뷰로, 스콧 가브리엘 놀스 교수는 느린 재난 개념으로 인류세의 시간적 의미를 짚어주었다. 생명다양성재단의 김산하 대표는 기번 연구를 통해 유인원의 신비를 알려줬고 열대 정글의 세계로 나를 초대했다. 덕분에 비인간 존재들과 연을 맺을 수 있었다. 그 길을 먼저 걸어간 최재천 교수는 이 책이 전달하고자 했지만 부족한 부분을 추천사로 갈음해주었다. 감사와 더불어 존경을 표하는 바다.

이 책을 펴내기 위해 열여섯 분을 인터뷰했다. 소중한 시간을 내주신 것에 다시 한번 감사드린다. 다른 기회로 만났거나 직접 뵙지는 못했지만 자신만의 지식으로 이 책에 기여해주신 분들께도 감사하다. 인류의 미래를 걱정하다가 세상을 떠난 故 에드워드 윌슨, 브뤼노 라투르, 파울 크뤼천 교수의 지혜에 원고의 상당 부분을 기댔다. 복잡계인 지구 시스템을 이해하기 위해 노력하는 과학자들, 지구와 사회의 균형을 지키기 위해 분투하는 활동가들의 진득함에도 응원과 지지를 보낸다. 다큐멘터리는 그들의 노고와 결과물을 영상으로 담았을 뿐이고 이 책은 그 과정에서 받은 영감과 생각을 정리한 것이다. 지구적 문제는 국내 이슈에 묻혀 외면받기 일쑤인데도 불구하고 그 심각성을 알리기 위해 노력하는 언론인들에게 강한 동료 의식을 느낀다. 직업과 별개로 본 책의 내용에 공감하는 모든 분께도 답답한 상황에 대한 감정적 연대를 표한다.

이 책을 제안하고 만들어준 장준오 편집자와 출판사에 감사하고, 이 지면에서 언급하지 못했지만, 저자의 부족함을 채워준 이들에게 고맙다. 끝으로 항상 힘이 되어주는 가족과 유빈에게 사랑의 마음을 전한다.

함께 읽으면 좋은 책

『기후변화의 심리학: 우리는 왜 기후변화를 외면하는가』, 조지 마셜 지음, 이은경 옮김, 갈마바람, 2018년.

2011년 5월 북극 빙하가 기록적인 수치로 녹았다. 영국의 주요 방송 3사는 이 뉴스 대신 왕세자가 한 작은 섬에서 결혼식을 치른 것을 대대적으로 보도했다. 기후 위기가 경제나 테러 뉴스, 드라마, 쇼핑 채널보다도 대중적 관심을 받지 못하는 것에 대한 저자의 의문은 심리학적 분석으로 이어졌다. 그 과정에서 그는 우리가 보고 싶은 것만 보고, 알고 싶지 않은 것은 무시해버리는 비범한 재능을 타고났음을 깨달았다. 나는 이 책을 통해 영국과 대한민국 상황이 크게 다르지 않으며, 지구의 위기를 무시하는 상황이 인간 본연의 특성에 기인했음을 알게 됐다.

『기후변화, 이제는 감정적으로 이야기할 때: 우리 일상을 바꾸려면 기후변화를 어떻게 말해야 할까』, 리베카 헌틀리 지음, 이민희 옮김, 양철북, 2022년.

지구 곳곳에서 재난이 벌어져도 여전히 많은 사람이 기후 문제에 무관심하다. 사회과학자 리베카 헌틀리는 그 벽을 깨기 위해서는 과학에 근거한 논리적 접근보다는 마음을 움직이는 이야기가 필요하다고 역설한다. 기후 변화가 마약, 종교를 넘어 죽음, 우울증과 거의 동급으로 까다로운 화제라는 표현도 인상적이다. 그럴수록 우리가 계속 기후 위기를 말해야 할 필요성은 커질 것이다.

『나는 지구가 아프다』, 니콜라이 슐츠 지음, 성기완 옮김, 이음, 2023년.
몸이 아파온다. 주거지를 덮친 폭염과 전 세계에서 들려오는 생태 재앙 뉴스, 스스로가 지구에 배출하는 탄소에 대한 걱정 등으로 인해 잠을 이루지 못하는 불면의 날이 이어진다. 기후 우울을 앓은 구희 작가가 〈기후위기인간〉에서 본인이 겪은 감정을 웹툰으로 표현했다면, 니콜라이 슐츠는 인류세를 살아가는 개인의 고민을 '문화인류학적 소설'이라는 새로운 형식으로 풀어낸다.

『시간과 물에 대하여』, 안드리 스나이르 마그나손 지음, 노승영 옮김, 북하우스, 2020년.
시인 안드리 스나이르 마그나손은 아름다운 언어로 지구의 변화를 서술한다. 아이슬란드 야생 고지대의 풍경을 '신의 광대함으로 만물을 아우르는 침묵'이라 극찬한다. 이후 해당 지역이 알루미늄캔 생산용 발전 목적으로 수몰되는 것을 보며 거친 분노를 토한다. 그 감정은 왜 우리가 눈앞의 재앙을 두고도 '해수 산성화' 같은 단어를 제대로 이해하지 못하는지, 기후 위기의 과학적 수치를 띄엄띄엄 보는지에 대한 통찰로 이어진다.

『트러블과 함께하기: 자식이 아니라 친척을 만들자』, 도나 해러웨이 지음, 최유미 옮김, 마농지, 2021년.
문제 있고 혼란한 이 시대를 살아가는 자세를 '트러블'과 함께하는 것으로 표현한 저자의 센스에는 사상적 배경이 작용한다. 도나 해러웨이는 남성/여성, 유기체/기계와 같은 이분법적 사고를 해체하는 데 천착해왔다. 이 책을 통해 위급한 시기에 우리의 과제는 트러블과 함께하며 진실로 현재에 임하는 것이라고 주장한다. 미래의 불안감을 지워버리기 위해 트러블을 외면하거나 단순화하기보다는 문제가 되는 관계 속으로 진입해 파괴적인 사건들에 강력한 응답을 불러일으키라고 말한다.

『도시를 바꾸는 새: 새의 선물을 도시에 들이는 법』, 티모시 비틀리 지음, 김숲 옮김, 원더박스, 2022년.

야생 조류 유리창 충돌 문제에 관심이 생겼다면, 도시계획 전문가가 쓴 이 책을 추천한다. 그는 방대한 조사를 통해 새를 위한 도시가 인간에게도 살기 좋은 도시라고 말한다. 40년 이상 유리창 충돌 문제를 연구해온 다니엘 클렘 교수와 캐나다의 비영리 단체 '치명적인 조명 인식 프로그램FLAP' 등 새를 연구하고 보호한 이들의 이야기가 펼쳐진다.

『우린 일회용이 아니니까: 쓰레기 사회에서 살아남는 플라스틱 프리 실천법』, 고금숙 지음, 슬로비, 2019년.

환경 프로그램에서 플라스틱을 취재하며 처음 저자를 알게 됐다. 그때도 플라스틱 문제에 진심이었던 저자는 10여 년이 지난 지금도 플라스틱 쓰레기 한길을 파며 제로 웨이스트샵 '알맹상점'을 운영 중이다. 책 뒷부분에 '플라스틱 프리 매뉴얼'이 있는데, 이 책을 읽으며 구체적인 실천 방안이 궁금했다면 참고할 만하다.

『이것이 모든 것을 바꾼다: 자본주의 대 기후』, 나오미 클라인 지음, 이순희 옮김, 열린책들, 2016년.

인류세를 '자본주의세'로 바꿔 불러야 한다고 주장하는 이들이 있다. 이 책을 읽으면 왜 그런지 알 수 있다. 저명한 저널리스트 나오미 클라인은 방대한 자료와 취재를 통해 기후 문제의 근본 원인은 탄소가 아니라 자본주의라고 말한다. 2009년 코펜하겐에서 열린 제15차 당사국총회(COP15) 에피소드도 등장한다. 협정 결과가 당초 기대에 크게 못 미치자 '생존이 위태로운 순간인데도 지도자들이 우리를 돌볼 생각을 하지 않는다'라는 깨달음을 얻었다는 이야기는 쓴웃음을 짓게 한다. 개인적 실천을 넘어 시스템의 변혁에 관심이 있다면 읽어봐야 한다.

우리에게 남은 시간

1판 1쇄 2023년 12월 5일
1판 2쇄 2024년 5월 31일

지은이 최평순
펴낸이 김정순
책임편집 장준오
편집 조은화 허영수
디자인 형태와내용사이
마케팅 이보민 양혜림 손아영

펴낸곳 (주)북하우스 퍼블리셔스
출판등록 1997년 9월 23일 제406-2003-055호
주소 04043 서울시 마포구 양화로 12길 16-9(서교동 북앤빌딩)
전자우편 henamu@hotmail.com
홈페이지 www.bookhouse.co.kr
전화번호 02-3144-3123
팩스 02-3144-3121

ISBN 979-11-6405-221-9 03400

해나무는 (주)북하우스 퍼블리셔스의 과학·인문 브랜드입니다.